392 李仁芳博士 策劃
實戰智慧館

王國雄 著
傅月庵、王品 採訪撰稿

敢拚能賺愛玩

王品，從細節中發現天使

《實戰智慧館》

出版緣起

王榮文

在此時此地推出《實戰智慧館》，基於下列兩個重要理由：其一，台灣社會經濟發展已到達了面對現實強烈競爭時，迫切渴求實際指導知識的階段，以尋求贏的策略；其二，我們的商業活動，也已從國內競爭的基礎擴大到國際競爭的新領域，數十年來，歷經大大小小商戰，積存了點點滴滴的實戰經驗，也確實到了整理彙編的時刻，把這些智慧留下來，以求未來面對更嚴酷的挑戰時，能有所憑藉與突破。

我們特別強調「實戰」，因為我們認為唯有在面對競爭對手強而有力的挑戰與壓力之下，為了求生、求勝而擬定的種種決策和執行過程，最值得我們珍惜。經驗來自每一場硬仗，所有的勝利成果，都是靠著參與者小心翼翼、步步為營而得到的。我們現在與未來最需要的是腳踏實地的「行動家」，而不是缺乏實際商場作戰經驗、徒憑理想的「空想家」。

我們重視「智慧」。「智慧」是衝破難局、克敵致勝的關鍵所在。在實戰中，若缺乏智慧的導引，只恃暴虎馮河之勇，與莽夫有什麼不一樣？翻開行銷史上赫赫戰役，都是以智取勝，才能建立起榮耀的殿堂。孫子兵法云：「兵者，詭道也。」意思也明指在競爭場上，智慧的重要性與不可取代性。

《實戰智慧館》的基本精神就是提供實戰經驗，啟發經營智慧。每本書都以人人可以懂的文字語言，綜述整理，為未來建立「中國式管理」，鋪設牢固的基礎。

遠流出版公司《實戰智慧館》將繼續選擇優良讀物呈獻給國人。一方面請專人蒐集歐、美、日最新有關這類書籍譯介出版；另一方面，約聘專家學者對國人累積的經驗智慧，作深入的整編與研究。我們希望這兩條源流並行不悖，前者汲取先進國家的智慧，作為他山之石；後者則是強固我們經營根本的唯一門徑。今天不做，明天會後悔的事，就必須立即去做。台灣經濟的前途，或亦繫於有心人士，一起來參與譯介或撰述，集涓滴成洪流，為明日台灣的繁榮共同奮鬥。

這套叢書的前五十三種，我們請到周浩正先生主持，他為叢書開拓了可觀的視野，奠定了扎實的基礎；從第五十四種起，由蘇拾平先生主編，由於他有在傳播媒體工作的經驗，更豐實了叢書的內容；自第一一六種起，由鄭書慧先生接手主編，他個人在實務工作上有豐富的操作經驗；自第一三九種起，由政大科管所教授李仁芳博士擔任策劃，希望借重他在學界、企業界及出版界的長期工作心得，能為叢書的未來，繼續開創「前瞻」、「深廣」與「務實」的遠景。

《實戰智慧館》

策劃者的話

李仁芳

企業人一向是社經變局的敏銳嗅覺者，更是最踏實的務實主義者。

九〇年代，意識形態的對抗雖然過去，產業戰爭的時代卻正方興未艾。

九〇年代的世界是霸權顛覆、典範轉移的年代：政治上蘇聯解體；經濟上，通用汽車（GM）、IBM虧損累累——昔日帝國威勢不再，風華盡失。

九〇年代的台灣是價值重估、資源重分配的年代：政治上，當年的嫡系一夕之間變偏房；經濟上，「大陸中國」即將成為「海洋台灣」勃興「鉅型跨國工業公司（Giant Multinational Industrial Corporations）的關鍵槓桿因素。「大陸因子」正在改變企業集團掌控資源能力的排序——五年之內，台灣大企業的排名勢將出現嶄新次序。

企業人（追求筆直上昇精神的企業人！）如何在亂世（政治）與亂市（經濟）中求生？

外在環境一片驚濤駭浪，如果未能抓準新世界的砥柱南針，在舊世界獲利最多者，在新世界將受傷最大。

亂世浮生中，如果能堅守正確的安身立命之道，在舊世界身處權勢邊陲弱勢者，在新世界將掌控權勢舞台新中央。

《實戰智慧館》所提出的視野與觀點，綜合來看，盼望可以讓台灣、香港、大陸，乃至全球華人經濟圈的企業人，能夠在亂世中智珠在握、回歸基本，不致目眩神迷，在企業生涯與個人前程規劃中，亂了章法。

四十年篳路藍縷，八百億美元出口創匯的產業台灣（Corporate Taiwan）經驗，需要從產業史的角度記錄、分析，讓台灣產業有史為鑑，以通古今之變，俾能鑑往知來。

《實戰智慧館》將註記環境今昔之變，詮釋組織興衰之理。加緊台灣產業史、企業史的記錄與分析工作。從本土產業、企業發展經驗中，提煉台灣自己的組織語彙與管理思想典範。切實協助台灣產業能有史為鑑，知興亡、知得失，並進而提升台灣乃至華人經濟圈的生產力。

我們深深確信，植根於本土經驗的經營實戰智慧是絕對無可替代的。另一方面，我們也要留心蒐集、篩選歐美日等產業先進國家，與全球產業競局的著名商戰戰役，與領軍作戰企業執行首長深具啟發性的動人事蹟，加上本叢書譯介出版，俾益我們的企業人汲取其實戰智慧，作為自我攻錯的他山之石。

追求筆直上昇精神的企業人！無論在舊世界中，你的地位與勝負如何，在舊典範大滅絕、新秩序大勃興的九○年代，《實戰智慧館》會是你個人前程與事業生涯規劃中極具座標參考作用的羅盤，也將是每個企業人往二十一世紀新世界的探險旅程中，協助你抓準航向，亂中求勝的正確新地圖。

策劃者簡介

李仁芳教授，一九五一年出生於台北新莊。曾任政治大學科技管理研究所所長，輔仁大學管理學研究所所長，企管系主任，現為政大科技管理研究所教授，主授「創新管理」與「組織理論」，並擔任行政院國家發展基金創業投資審議會審議委員，交銀第一創投股份有限公司董事，經濟部工業局創意生活產業計畫共同召集人，中華民國科技管理學會理事，學學文化創意基金會董事，文化創意產業協會理事，陳茂榜工商發展基金會董事。近年研究工作重點在台灣產業史的記錄與分析。著有《管理心靈》、《7-ELEVEN 統一超商縱橫台灣》等書。

目錄

經營管理篇

推薦序

這也是一篇故事

戴勝益
（王品集團董事長）

王國雄出的「故事書」，我當然也需用「故事」來推薦之。

民國九十七年四月廿七日，蔚藍海岸的墾丁凱撒飯店的會議室

王品集團正在熱鬧滾滾的假「股東會」之名，行「度假」之實，召開一年一度的股東大會。（王品百分之百的股東都是公司幹部，共一百八十位。股東會強邀每人必須攜家帶眷同行，因此共有七百多人參加。）

輪到大陸事業的品牌部主管趙廣豐發言時，他語出驚人地說：「我剛到公司未滿一年，我認為我是在一家詐騙集團工作……」他接著說：「有哪個公司像王品人這麼能言善道，這麼會講故事的！」

是的，王品人最擅長的就是用故事來溝通了。故事不但要真實，有內容，而且要夠幽默。（新人自我介紹時，若不能在一分鐘內讓大家哄堂大笑，那他肯定有苦日子過了。）

今天，王國雄這本故事書，就是在拋磚引玉。相信很快就有人來挑戰「說故事比賽的」！

王品人生命中的「五個一」

就是每個人一輩子要「出一本書，拿一個獎，買一幢房子，有足夠存款退休後每年有一百萬可花，還要活到一百歲」。所以，今後每年至少會有兩本由「王品主管寫的故事書」出版。

相信這些書的內容，也多會以故事形態出現，因為王品人最擅長說故事，隨手拈來自成文章，總比要寫「深奧的大道理」容易多了。

王品的管理，簡單到只需故事

感動客人的方式——我們用故事來做訓練教材，王品總部有位同仁黃宥芯，她專門遊走於各店鋪，將同仁感動客人的真實故事寫出來，不但成為「感動服務」的教材，還曾在報紙連載，成為台灣服務業的聖經呢！

感動同仁的故事——更透過每週一次的 Taiwan Today 網站，每月一次的 E-learning 教學，各品牌負責人的「Stanley 部落格」、「斌哥聊天室」、「總經理理念列車」等方式，隨時在講故事給大家聽。

王品主管說故事能力奇佳，好像國小時都拿過「說故事第一名」似的！

謝謝說故事的人，還有故事中的主角

謝謝王國雄的全心投入、全力執行，見證與參與王品集團的成長。

也要感謝公司最高決策的六人小組（我、陳正輝副董事長、王國雄副董事長、李森斌總經理、曹原彰總經理、楊秀慧總經理），他們用心用力共同締造成果，創造王品的歷史。

更要感謝海峽兩岸的中常會成員，這些故事的形成與執行，都有他們的腦汁和血汗。

還要感謝海峽兩岸的二代菁英們，公司很多故事的背景，都是二代菁英們的共議與共識而產生的。

當然更要感謝的是店長、主廚們，演活了故事中的每一樂章，沒有他們，故事就變空談了。

最最要感謝的是王品集團的六千位基層同仁，還有支持王品的客人們。因為「把同仁當家人，把客人當恩人」，是王品能有今天的「葵花寶典」啊！

所有故事的精采，都因他們而誕生。

「慶百店，走萬步，讓地球動起來！」在王品，所有故事的精采，都因同仁而誕生。

推薦序

以人為本，從心出發，創造感動

嚴長壽
（亞都麗緻大飯店總裁）

現代企業為了追求利潤，往往忽視了人性的價值，員工被物化為生財的工具。獲利的時候，企業千方百計督促員工設法賺到更多的錢；虧損的時候，企業想盡辦法降低成本，員工淪為第一個被開刀的對象。

汲汲追求數字，真的就是企業獲利的保證嗎？王品集團的成功經驗，很明確告訴我們：絕對不是。

從一九九三年第一家王品牛排開幕，到現在年營業額突破五十億元，成為台灣餐飲業第一名的企業集團。在我看來，王品成功的關鍵，就是戴勝益董事長與王國雄副董事長塑造出人性為本的企業文化。

個人雖然在王品草創時期，曾受邀忝為「王品之師」的一員，同時王品的領導團隊，也有幾位是個人過去在文化大學觀光系教過的學生。但經過時間的挪移，尤其在拜讀了王副董事長的書後，我發現所有重視服務的企業，其實經營理念都非常契合，而且在許多方面，值得互相借鏡與學習。

從「一家人主義」對員工無微不至的照顧與真誠的關懷，到完整細緻的教育訓練與終身學習，以及鼓勵創意的內在文化，甚至員工還有內部創業的機會，服務生也可以做老闆；王品的企業文化在在讓我印象深刻。

企業能否成功，「人」是最關鍵的因素，王品能創造出這樣的內部環境，優秀的人才自然只進不出，也難怪王品能夠在競爭激烈的餐飲市場異軍突起。

我在二〇〇八年出版《做自己與別人生命中的天使》，鼓勵企業要回饋社會，不是捐錢就算了，我們應該伸出雙手，拿出一顆真心去幫助別人。這樣的精神遠比捐多少錢來得重要。

這些年來，王品也一直在默默行善，他們不打廣告，把行銷省下來的錢拿來從事公益。最讓我難忘的是，有一家喜憨兒餐廳經營不下去，王品不但捐錢，協助他們重新營業，事後還發函「感謝喜憨兒給王品集團的同仁們有共同學習成長的機會」。王品能創造出這樣的感動，這是其他企業砸再多的廣告預算，也無法讓顧客動容的。

王品的故事與成功的秘訣，在主事者不藏私的態度下，已經不算是企業機密而且廣為傳頌；但是王副董事長這次出書，把王品所有的心得都寫出來，希望能分享給每一個人。如此發自內心的善念，正是王品精神的象徵。

「以人為本，從心出發，創造感動」的企業核心價值，是我所體會到的成功要訣。願有志於服務業的朋友，以此書共勉。

推薦序

社會主義經營理想國

何飛鵬
（城邦出版集團暨電腦家庭出版集團首席執行長）

幾年前，我應邀到王品餐飲公司演講，從此我變成「王品之師」，過年過節都會收到王品精美設計的禮物、卡片。我常想，這是什麼樣的公司，會花這麼多人力、心思，在這種看似和營運績效並不正相關的事情上？

後來我慢慢瞭解，王品還花了更多的心思，做了更多不可思議的事：

——高級主管每年都要對具有「分店主管」資格的人，進行家庭訪問，並邀請他們參加王品的股東會、年度旅遊。

——想盡心思召開各式各樣的股東會，讓股東及其家人，能感受王品一家人的氣氛。

——王品實行每月分紅，連工讀生，只要工作時數達到，都可以參與分紅。

——要主管每天步行一萬步，購車不得超過一百五十萬，要遊百國、吃百店、登百嶽。

——不得收超過一百元的禮物。

——公司內的決策由二十二位「中常委」每週五開會決定，時間由上午九點半到下午七點，週週如此。

——王品的薪資、財務一律公開，人人都可以瞭解。

這些奇怪的事，全都發生在一個營業規模並不大（王品二〇〇九年營業額五十三億，雖在餐飲業名列前茅，但比起其他行業的集團企業，只是小集團）的公司身上，這個公司不但沒有適應不良，而且年年高速成長。從一個品牌，發展到多品牌，從台灣到大陸、到海外，是個典型的台灣明星企業，顯然它的快速成長，與這些奇怪的制度有絕大的關聯，這引發了我極大的興趣。

我嘗試用我的角度，解釋王品的經營邏輯。

一、王品具有中國傳統儒家「仁民愛物」的核心價值，重視每一個人、每一個家庭，然後才是公司運營。創辦人相信，從修身、齊家，進而經營公司，啟動成長。王品的一家人主義照顧每一個員工並及於其家人，並且視每一個人為「同仁」，而不是員工，這是資本主義社會很難兼顧的思考。

二、王品的經營者具有社會主義色彩。「一家人主義」、家庭訪問、高階主管買車不得超過一百五十萬、同仁安心基金、急難救助基金……這些都具有社會主義對每一個人同等照顧、養生送死的觀念。

三、王品是個極端資本主義，高效率經營的團隊。即時獎勵，每月分紅的「海豚哲學」，開店運營的ＫＰＩ及標準化作業流程，再加上極具吸引力的內部創業的獎勵制度，這些都說明了王品能快速成長的原因。

四、王品是個理想型的創業合作者。創辦人構建一個原始舞台，再擴大為二十二人的中常委集體決策團隊，再外圍為店長、主廚所形成的核心營運團隊，這些人都變成股東，整個角度看，王品像個「王品人」的集體所有制（大陸說法）企業。

這幾種觀點加在一起，王品就是一個植基於中國儒家思想的社會主義經營理想國。把一些看似可能矛盾的理念，用很特殊的方法融合為一體，變成資本主義中最高效率、高成長的團隊，王品的模式徹底顛覆了企業經營模式，值得每一個老闆重新思考。

現在王國雄先生把這些王品內的所有Know How，匯集成書。做為「王品」經營的長期觀察研究者，樂為之序。

用放大鏡的精神，推動「龜毛家族」；用計算機的精確，分享「海豚哲學」。

推薦序

建立「以人為本」信念的成功企業

許士軍
（元智大學講座教授）

至少在近十年內，人們都在討論並追求台灣的產業轉型。所謂「轉型」，包括有好幾個層次的意義：它們是由「成本導向」轉向「價值取向」，由「代工」轉向「自創品牌」，由「製造」轉向「服務」，由「國內」走向「全球化經營」等等，但是，真正貫穿這幾個層次的蛻變，乃是由「以物質為中心」走向「以人為中心」。

實際上，這也呼應了本書作者所說的：王品在經營上的所有思考，都是「以人為本」，將對於人的關懷和潛能的發揮，落實到每一個管理步驟與細節上。基於這點，我們幾乎可以說，王品集團就是這麼一家轉型十分成功的企業標竿。

雖然這是一本篇幅不大的書，然而，映現在眼中的，都是一些如熱情、安心、快樂、用心、健康、意志力，這些和人有關的字眼，以及如何做人做事的規矩，而不是什麼成本、材料、投資、監督之類，多年來被奉為金科玉律的傳統經營思維。

同樣地，這家企業集團也不是屬於百億或千億級的巨型企業，但是，今天在人們心目中和報刊媒體上，它所受到的注意和重視，卻有如一個以創新、活力，以及人性化特色而熠熠發光的企業燈塔。

在台灣，長期以來由於製造業所佔據的主流地位，人們對於像「王品」

這種被歸入服務業的認識，常常無法跳脫製造業的框架和思維方式，以為服務業只是製造業的延伸。但如細心閱讀這本由王國雄副董事長所撰寫的王品故事，將會發現：從一九九三年底創業以來，王品的每一步都是不確定的，也沒有成規可循的，然而，公司領導者都能帶領同仁以開創的眼光與勇氣，走出自己的路來。這一奮鬥路程顯示了，經營一個成功的服務業，乃屬於另一種不同境界的功力，也會令人產生一股無名的感動。在此，除了對王品經營者表示欽佩外，更要感謝作者，願意將這些珍貴的經驗和心得與人分享。

自序

分享第一手觀點的「故事書」

王國雄

王品人愛說故事，我就從一則故事說起。

有一位事業有成、將屆退休的大企業家，趁著空閒，到鄉間休假釣魚。接連好幾天，都看到三名年輕人無所事事在釣魚。他覺得這麼年輕，哪能這樣過日子？於是趨前詢問他們的收獲。答案果真少的可憐。於是他以過來人的身分告誡這三個孩子：先設法湊錢合買一條小船，三人好好用心捕魚。有了錢，換條大一點的船，更努力更用心收入更多，再升級再買船，然後就可以用企業經營的方式組成一個有實力的船隊。有了公司，再以股票上市為目標，讓自己成為企業家，賺得千百倍身價。

三名年輕人聽後，問企業家：這樣大概得花多久時間？「二十年左右吧！」三人接著問：身價千百倍之後能做什麼？「等退休了，就可以跟我一樣，當個閒雲野鶴，悠哉悠哉釣魚，好好享受人生了。」三人一聽，異口同聲說：「啊，我們現在過的，不就是你花了二十年才得到的？」

這故事是常見的二分法，不是過之，就是不及。過之的是那位腦筋裡只有工作與賺錢的企業家；不及的是三個缺乏人生目標、奮鬥方向的年輕人。其實，人生不一定要先苦後甘，也不必閒散過一生。這兩者並非零和遊戲，同時擁有「成就」與「快樂」，絕非不可能。

一手擁抱成就，一手擷取快樂，人生不一定要先苦後甘，也不必閒散過一生。

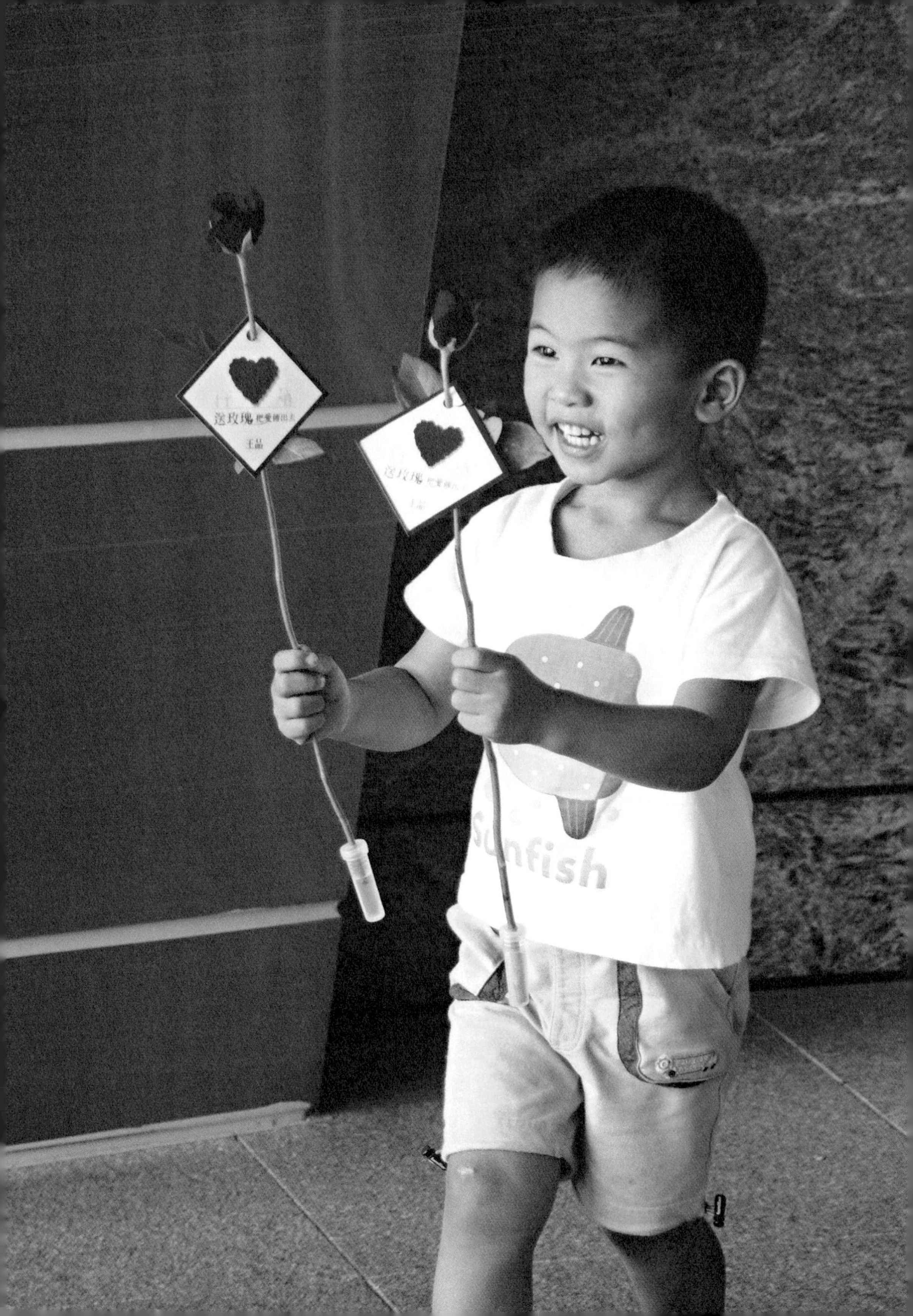
送玫瑰
王品
Sunfish

在王品，成就與快樂兼得

王品向來都是這樣認為的。所以，從董事長到最基層的工讀生，人人都「敢拚能賺愛玩」！

敢拚——對外，用盡所有的力量去感動客人，提供高品質的產品與服務，在細節中不斷自我提升；對內，啟動二〇六學分，有計劃地培育人才，透過「一家人主義」感動同仁，激發出最大最多的能量！

能賺——不斷改善流程，發揮經營綜效。持續整合上下游供應鏈，創造規模經濟優勢。樹立優質品牌，勇敢創新。一年賺進一個資本額，實施海豚哲學，全員分享共榮！

愛玩——所有主管都得登玉山、橫渡日月潭，和鐵騎貫寶島。一生要遊百國，吃一百顆星米其林餐廳。每年舉辦同仁國外旅遊，為店長、主廚以上股東辦理創意股東會，以及別出心裁的年終尾牙，年年不能重複，永遠要有新點子！

這三種特質融合一起，成就與快樂兼得，一邊工作一邊享受，也讓顧客、同仁與股東三贏，替公司打造出優良口碑，也因盡心盡力的付出，讓自己的人生無憾，創造出沒有輸家的境界。

心胸有多大，企業就有多大

我經常閱讀經營管理類的書籍，卻很少讀到「說故事」的財經類書，而「故事」卻是最有魅力的分享方式。因此，希望透過書中二十一篇故事，將王品集團內部的一些想法和做法，以及個人思考什麼是企業經營的「根本」，提出來跟大家分享。

王品的相關報導雖然很多，很多故事大家也都耳熟能詳了。但一來散見各處，二來受限於媒體篇幅，總覺得不夠完整。再者，媒體報導的切入點往往比較注重直接績效，談論的不外乎王品怎麼賺錢，營業額如何如何。較少人去思考：到底成就這些成果的「內在力量」是什麼？

所以，我希望出版一本涵蓋多元面向、直指核心，且是第一手觀點的「故事書」與大家分享。其中最重要的就是「內在力量」，也就是「一家人主義」。這個「一家人主義」讓王品集團成為一個強韌的團隊，也是公司存續的根本：公司把同仁照顧好，讓同仁有了信心、有了安全感，願意在這裡安身立命，自然會有好的表現，也就是外界看到的營業數字。這是根本之道。假如只看到數字表現，卻忽略了那股力量，不免有些捨本逐末。

世界上最美好的事情就是「分享」。真正的分享，能量絕不會減少，反而還會因為這一分享，而累積增加。王品在經營企業的過程裡，一直在實驗「善的循環」，希望成為「善的循環實驗室」。我們總覺得，好事會帶來更多好事，而分享，那是最好的事，肯定會結出更多的好果來。

我很感謝許多單位的演講邀約，有時演講完畢，不少來自不同公司的主管們提到：如果老闆能聽到就更好了，因為掌握企業文化與決策權的人，是老闆。我希望這本書的影響力，能大於一場一場的演講，更期望擁有最高決策權的企業主，能認同企業發展的關鍵在「人」。

台灣的服務業佔全體GDP（國內生產毛額）的七二%是就業人口的最大族群，更是國家GDP發展的關鍵。服務業靠的就是「人」。惟有用心感動同仁，同仁才會用心感動顧客；有了滿足的顧客，自然會有幸福的企業。這是一種最美的「善的循環」！GDP不應只是衡量國家經濟的數字，更應是滿足與幸福的指數！

這本書談的不是經營技巧，而是「人性」。它不是什麼特別的秘訣，而是一點善念，一個光明的想法，或說，一種正面力量的集結。主要談的是心，心胸有多大，企業就有多大。如果大家願意把「人性」當成企業經營最重要的一環，那麼，愈多人來學愈好，社會的能量就會愈大。

月庵與王品的用心採訪整理，長達一年多的付出，使這本書得以優雅地出版，雅棠的圖片與美編豐富了可讀性，感謝你們的協助，點滴在心頭。

正面思考的熱情人生
——王國雄專訪

王品
採訪整理

一　一九九三年您三十二歲，即將成為知名會計師事務所的合夥人，迎接四百萬年收入。為什麼願意放下一切，還把房子拿去抵押貸款一百萬，選擇跟每個月光是因為負債就要還一百萬利息錢的戴董一起創業？

當時有兩股力量，第一股力量完全是來自Steve（戴董）的氣度。進入會計師事務所之前，我曾在三勝製帽工作過，那時Steve來邀請我，讓我負責整個三勝製帽的財務規劃與制度設計。由於我的薪水要求超過三勝所有家族員工的水準，本來是談不成的，結果Steve讓我領三勝的一般薪水，每個月再自掏腰包把差額補足。當時，Steve只負責三勝的皮包營運事業，而非整個公司的老闆，他卻因為整個三勝的需要，願意自己出錢。我在三勝待了幾年，他就補了幾年的差額，這種事沒幾個人做得出來。對Steve，我一直心存感激，覺得他是個可以跟隨、可以信賴的人。後來，在Steve創立王品牛排之前，我又觀察到別人開遊樂園少說得花幾十億，他卻只花了三千萬就搞定，還能賺錢。我更加確信Steve很有創意和經營能力，肯定是那種能夠以小搏大、小兵立大功的經營領導人才。

另外一股力量是，我從讀專科起就非常想創業，那時老愛讀《青年的成功法則》、《青年的四個大夢》、《人性的弱點》、《王永慶的管理鐵鎚》

等等這類書籍，愈讀愈爽。同學們都問我讀這些幹嘛？我說：「我要當老闆！」他們都笑了：「畢不畢得了業還不知道，居然想當老闆?!」「當老闆」這個念頭，埋在我心裡很久很久了，就是不知道什麼時候會長成一棵大樹？那時候覺得當老闆很酷，尤其看了王永慶和許多名人的傳記，覺得當老闆可以用自己的能量，將不確定的事情變成確定；別人說不可行的，你偏可以將它變成可行。這種感覺，光用想的就很棒了。所以機會一來，人也對了，我又還年輕，便毫不猶豫跟著戴董賭一把啦！

「別人說不可行的，你偏可以將它變成可行。這種感覺，光用想的就很棒了。」（楊雅棠 攝影）

二 您覺得哪種特質的人適合創業當老闆？

我在安侯建業會計師事務所工作的時候，常常輔導企業上市上櫃，有機會和許多老闆對話。一聊之下才發現，這些老闆並不是想像中的三頭六臂與天縱英明，最大的差別反而是後天的努力，他們多半很有冒險精神，敢下注，願意拚命。而且有一股傻勁，當別人都看「空」的時候，他們不管什麼是「多」、什麼是「空」，就是一股鍥而不捨的衝勁！這種堅持和冒險精神正好就是能不能、適不適合創業的關鍵。

很多時候，多算不如少算。你算得愈精，往往讓人愈害怕；數字搞得愈多愈大，愈是裹足不前。數字常會使人失去動力。所以，放空數字，憑直覺創業，勇敢做大夢，有時反而更好。當然，等到企業壯大，脫離創業階段，就不能再任意冒險、完全憑感覺做事了。這時候已經有一群人跟著你，代表背後有許多家庭依賴你，你有責任照顧他們。因此必須開始精算，要步步為營，要懂得分享，設法在穩健中成長。

三 大部分企業都是從外面請來專業經理人，請問要如何形成一致的企業文化？

我覺得關鍵還是在老闆。有容乃大，有容不僅是包容，有時甚至老闆也要節制自己，好挪出空間給對方。既然請來專業人才，就要善用人家的專業。只是，有能力的人通常很有主張和個性，也就是意見多。這時候，老闆要能夠忍受並包容他的缺點，如此他的優點才有揮灑空間。要求百分之百的情投意合，往往用不到真正的人才。

但也不是說，人才就可以特立獨行，我行我素。老闆也要以企業文化來浸潤他，讓他慢慢與整個企業融為一體。企業文化是一種無形的力量，我們常跟部門主管說：「不用比你的辦公室有多大，要在乎的是，你的團隊對你有多強的向心力。」向心力愈大，你的能量愈大；能量愈大，業績和客戶滿意度一定會跟著正向成長。

企業文化的形成需要時間，培養主管也需要時間，無法速成，更不能揠苗助長。這部分，老闆必須要有心胸去等待，等到一個時間點，外來的經理人也會成為原生同仁，並且為企業注入新的活水。換言之，當企業文化形成一個磁場，好的不停吸引好的，力量就會無限大。

四 如果，非得簡要歸納王品集團的成功關鍵，您認為是什麼？

就是「人」！從「人」擴大成「家人」，也就是「一家人主義」。

因為是家人，就一定會付出真心來關懷；同仁被感動了，也會拿出真心來回報公司、回報顧客。大家彼此真心相待，就很容易成功。企業當然可以制訂工作手冊，加強訓練和要求，但那些都是外在的，根本的問題還是要回到「感動」兩字。王品相信感動的力量，不論你是店長、主廚，還是掃地、洗碗的同仁，我們都一樣尊重，一視同仁，讓在這裡工作的每一個人都能安身立命。只要把工作做好，盡好自己的本分，不必看誰的臉色，不用擔心老闆喜不喜歡你，無須憂慮無緣無故被開除。同仁有充分的安全感，企業就擁有「善」的磁場，形成「善」的循環，不停釋放出能量來。

五 講到「人」這件事，很多老闆常常抱怨公司沒人才，您覺得呢？

我覺得每個人都是一顆種子，企業是土地，種子掉到這塊土地上，最後會長成什麼樣子，當農夫的老闆有很大的責任。如果尊重每顆種子的特性，提供豐沃的土地，適時地灌溉除草，每顆種子都有他的基因、天命，自然各有發展，自會茁壯成材。

我一向不太喜歡日式庭園，常見有樹木被修剪成鳥形，或是剪得渾圓，太過人工，缺乏自然的美感。在王品集團，我們比較沒有這種鑿痕，總希望能讓每個同仁依各自的特性來發展，我們負責鼓勵，提供空間給他們表現。同仁只要扮演好自己的角色，就有相對的職位、相對的發展、相對的紅利。所謂空間，指的是公司的各種制度，乃至文化，也就是適當的土壤、陽光和水分，這是很重要的。如果沒有這些空間與養分，同仁可能會長得慢一點，因為不知道自己為什麼要長那麼快，為什麼要做那麼多事。

「在王品，沒有個人主義，只有團隊主義，個人的力量都被匯聚到企業的能量裡。」

我覺得很多企業絕非沒有人才，而是敗在主管太英明，所謂「主管英明，部屬閒閒；部屬英明，主管閒閒」。主管太能幹了，往往會剝奪部屬成長的空間。「做的『零零落落』，還不如我自己來！」人才需要培養，有這種想法的主管，大概就不容易培養出人才來。如果沒有人才，問題往往出在老闆身上呢。

六 王品集團的領導哲學是什麼？

其實「領導」這兩個字，不一定能那麼精準地形容王品人在做的事情。

「領導」，需要一位英明的領導者，仍然有從屬之分；我們比較重視的是「啟發」，希望透過啟發，讓團隊的力量釋放出來。例如年度業績目標的訂定，一般公司都是由上到下，由公司給個目標，大家想辦法做成一個漂亮的書面計畫。我們的年度營業目標則是由下往上，最後大家看看是否合理，合理就通過。事實上，每次各事業處提出的計畫大多超乎我的想像。好比二〇一〇年我預期營收能達到六十二億，成長二十%就很棒了，想不到整合出來的竟然是七十億！

在王品，沒有個人主義，只有團隊主義，個人的力量都被匯聚到企業的能量裡。公司沒有所謂的主，沒有誰是真正要去發號施令的人。這個時刻該誰掌控，他就掌控，下一個時刻誰最適合，就換作他。我們努力讓制度來管理，而不是人制。不拱那個主，如此團隊的能量達到最大，不會只集中在某一人身上。

七 請問王品集團下一個階段的計畫？

企業經營得要趁勢作為，內部人才與機制齊備了，再來的發展就要抓住外在環境的變化。下一個階段的外在環境，最大的變化肯定是「亞洲崛起」，我們也在二〇〇二年就著手準備，二〇〇三年開始到中國發展。由於中國市場擴充得極快，但該地的管理經營人才相對不足，因此先以直營方式來營運，站穩腳步。同時，我們也在研究品牌授權經營的模式，學習星巴克或麥當勞，以在地力量和在地資源來壯大我們的品牌。

另外，像在印尼、泰國、馬來西亞，整個東協可說充滿了機會，我們也努力地規劃國際加盟，想把適合的品牌推到東協去。一旦順利進入東協，有了灘頭堡，那就能連續布局，泰國、馬來西亞、印尼，都是我們下一步的發展標的。

當然，台灣是王品集團的根本，我們一定會持續往下扎根。二〇〇九年展店二十一家，二〇一〇年預計再展店三十一家，以近三十%的店數，高速度拓展。除了王品牛排，因為單價高，相對受限之外，各品牌都還有不小的發展空間。

八 為什麼您對「中價位」這一塊的展店這麼有信心？有些學者認為，這樣的展店方式會有危險？

大體而言，M型理論認為低價或高價都容易生存，唯獨中價位市場不大。問題是，貴的那一端客源太窄，雖然有人一直誤以為高價消費不受景氣影響，事實上，金融海嘯波及之餘，ＬＶ去年的營業額硬是掉了三成多。至於低價那一端，絕對是紅海市場，雖然有人用「低價奢華」來吸引消費者，但低價奢華的成本太高，賺的是辛苦錢。大家都避開的中價位那一塊，按照理論應該是「左支右絀」的，卻反而「左右逢源」，成了藍海。王品集團剛好填補了這塊空隙。我們不奢望消費者天天上門光顧，但是，當他想跟家人慶祝，想跟朋友聚會，想快樂一下，想要中等消費卻有高價服務時，王品集團便提供了許多選擇。我們的中價定位策略雖然背離市場理論，卻剛好填補了市場空缺。

九 請問行銷費用在王品集團裡面佔了整體營收的多少比例？

很低，一％以內。我們幾乎不做報紙或電視廣告，商業廣告總有點自吹自擂、強迫行銷的感覺。我們喜歡以公益和社會回饋活動來行銷，讓顧客自己去感受和認同。如果活動對社會有價值，自然就能吸引媒體報導，引發消費者認同。這是最自然也是最好的。目前，王品行銷費用支出最多的是送給客人的禮物，像是集點送禮，或是跟信用卡合作的刷卡贈禮等。

十 聽說王品集團有上市的計畫，這會影響原來股東的權益嗎？

王品未來的國際化發展，我們希望朝「國際加盟」方式來拓展經營，上市公司財務資料相對透明，且公信力也高於一般公司，必然更能獲得合作夥伴的信任。

股票上市之後也不會影響原來股東或同仁的權益，分紅比例都一樣，差別只在於：以前是每個月把盈餘百分之百分掉，以後則是當月先分盈餘的三分之一，年底結算後開完股東會，再一次領回剩下的三分之二；就總數而言，完全沒有差異。再說，以前只有店長、主廚級以上才能入股，將來則是擴充至全體同仁都可以擁有王品股票，大家一起來當股東。

十一 最後，想請副董以過來人的經驗給年輕人一些建議？

我覺得不管什麼年紀，最重要的是，永遠保持積極樂觀和熱情。

環境一直在變化，事情愈來愈不可掌控，凡事只能往光明面看，往積極處想，樂觀以對，就算遇到險阻，也要想成這些事情都是來幫助我的，讓我能夠再提升。只要能這樣想，逆境往往也會轉化為順境。我自己幾十年來的經驗都是如此，從來不看壞事情，總覺得這件事必定有可以啟

團隊裡的每一個人，都有責任把自己的熱情散發出來，讓彼此覺得一起共事充滿了趣味，分享彼此的甘苦榮辱。

（楊雅棠 攝影）

發我、使我成長的意涵。

企業經營也一樣，譬如二〇〇八年的金融海嘯，大家都覺得完蛋了，這下子慘啦。隔年，公司就跟同仁提出大家來挑戰「cost down 一點五億」的想法，而且只要年度營運績效達到淨利的十七・五%，就把該年未調升的薪水差額補給大家。看看是金融海嘯厲害，還是我們比較厲害！將困境轉化成迎戰的士氣，趁著金融海嘯的「歹時機」來個企業大體檢。結果發現，太平歲月果然還是有浪費的地方，原來仍有節省的空間。最後，我們不只 cost down 成功，營運績效也達到了；不但沒有減薪，還拿回調薪的差額。這證明，好壞都在一念之間，正面思考容易有機會。

其次，不論對周圍的人或自己所負責的工作，都應該懷抱熱情。現在的社會，講究的是團隊力，無論企業或任何團體，都不可能光靠一個人的力量成事。沒有團隊力，就成不了氣候。那麼，團隊力要靠什麼來傳遞和凝聚呢?那就是「熱情」！團隊裡的每一個人，都有責任把自己的熱情散發出來，讓彼此覺得一起共事充滿了趣味，能夠分享彼此的甘苦榮辱。就像我們瘋三鐵，瘋三百學分，能量一激發出來，天下就無難事了。

因此，人生第一得積極樂觀，第二要懷抱熱情。此外，想創業的人，再

加上冒險的精神與堅持的勇氣，就很足夠了。

十二 如果想從事服務業，有沒有不同建議？

想從事服務業，「熱情」和「微笑」是關鍵，也是最基本的。沒有熱情，縱使技法再高竿、再專業也沒用，因為客人感受不到你的心。沒有心，就不會感動，當然也就談不上真正的服務了。王品選擇工作夥伴不考慮學歷、經歷，但假如面試時很愛講話，滔滔不絕，問一答三，而且總是笑容滿面，大概就符合我們講的熱情了。有一種人問三答一，回答永遠是「還好」，就不太適合到服務業來。我們有辦法從頭訓練同仁的專業，卻沒辦法將一個不會笑的人變成愛笑。這是天性，無法勉強，也訓練不來的。

十三 那要如何找到自己的熱情呢？

要有熱情，就要做你喜愛的工作呀！首先，要弄清楚什麼是自己的興趣，願意為它付出，那就是熱情。如果一時找不到喜愛的工作，也沒關係，先讓自己「隨遇而安」，然後驅策自己的熱情去投入，從投入付出之中找出好玩的東西，慢慢就會發現樂趣了。

因果有時不那麼一定，就像雞生蛋或蛋生雞，因先還是果先，其實並不重要，重要的是好雞和好蛋。就像我也不知道自己會喜歡上餐飲業，以前根本不懂什麼是品嚐，更分不出食材的好壞，一心只想創業。等到一頭栽入餐飲業之後，慢慢地，食物的專業出來了，味蕾出來了，熱情也就出來了。

因為愛某件事，所以滿懷熱情去做它，這很好；或是因為做了某件事，用心做出了熱情，這也很好。只要有熱情都好，至於它是怎樣產生的，其實不重要。

善的循環實驗室

同仁
安心篇

一家人主義

靜謐的病房裡，色彩繽紛的花籃，熱鬧滾滾地一路排到了護理站，前來巡房的醫生納悶著：「又是哪個名人住進來啦？」看了一下花卡署名，「喔，原來是王品的人！」

王品的送花文化，在台灣各大醫院早出了名。只要有王品同仁或家屬住院，病房內外立刻被花海淹沒。原本帶有冷意的病房，因為花朵的鮮麗綻放，捎帶出無限生機。看到花，讓人心裡自然湧現一股昂然的鬥志！

不只如此，看到花，住院的人馬上從心底溫暖起來。因為每束花、每個花籃裡，都有同仁親筆寫下的叮嚀和祝福。

例如，有位同仁手術後不幸喪失一隻眼睛，同仁的祝福卡上，有人寫著：「從此人生，一目瞭然。」還有膽結石開刀的，手術後收到的卡片是這樣寫的：「膽大包天，無往不利！」這種「祝福」的話，一般人恐怕不以為然。但在王品裡，公司文化向來開放，也講究創意，浸淫久了，大家習慣成自然，收到卡片的人，心裡並無疙瘩，反而覺得很有意思，哈哈一笑，於是有了正面的激勵作用。

送花、寫卡片，只是王品為生病住院的同仁和家屬所傳達的心意，後面還有一整套貼心且實際的行動，這些行動就叫做——「一家人主義」。

對家人的關懷，二十四小時不打烊

「一家人主義」是王品的企業理念。王品憲法第九條明文規定：「奉行『顧客第一、同仁第二、股東第三』之準則。」同仁就是家人，家人一旦生病或出事了，當然二話不說、義不容辭地挺到底。為了凝聚這樣的文化，我們特別設立了一套「電子秘書系統」：每位家族成員（包含同仁家屬）有任何婚喪喜慶、意外困難或特殊狀況，都可登錄到系統裡；訊息一登錄，集團總部、各事業處、每一家分店都看得到。無論一人有喜或家人出事，不用多久，集團上下就都知道了。

知道了就會採取行動，這就是王品的特色。

以醫療為例，沒有多少人喜歡跟醫院打交道，當然也就不可能熟識醫院和醫生狀況。等到生病了，尤其突來的大病，往往六神無主，不知該到哪家醫院、找哪位醫生才好？為此，企業關係部隨時都會蒐集相關醫療資訊，記錄全台灣各主要醫院、特別的醫生，同時做好公關。同仁有需要了，一通電話告知，企業關係部立刻會設法先讓「家人」迅速離開急診室，住進病房再說。

接著，還會詢問「家人」有無熟識的醫生？若有，那就核對檔案確認醫生，評價不錯，繼續治療；評價不怎麼樣，則建議是否換醫生。進了病房之後，企業關係部還會特別跟主治醫師打招呼，請他巡房時多多關照。甚至，「家人」住院後，如果人手不足，也會啟動照顧機制，發動相關同仁排班輪流照護。通過這些細節，希望王品同仁都能感受到公司全體最真心的關懷。

一天二十四小時，不管上班下班，無論白天晚上，只要同仁啟動醫療協助系統，企業關係部與事業處就會展開關懷和追蹤。尤其是急診，多半屬於突發狀況，同仁如果需要緊急服務，總不能跟他說：「對不起，現在是下班時間……」曾有台灣漁民在外海遇到人命關天的緊急危難，打電話向官方求救，結果竟得到「我們已經下班了，現在無法處理」的回覆；對王品人來說，這可真的是「完全無法想像」！

一顆感動的心，化成凝聚的力

王品的諸多作業系統，都是從實際發生的事情當中，發現同仁或顧客需要，然後將它「系統化」，擬定標準流程，最後便成為企業文化的一部分。

事情一旦制度化、系統化後，那就不僅是個別實踐了，更不會因為哪個主管在或不在而受影響。王品的企業文化是個不斷成長的有機體，假若

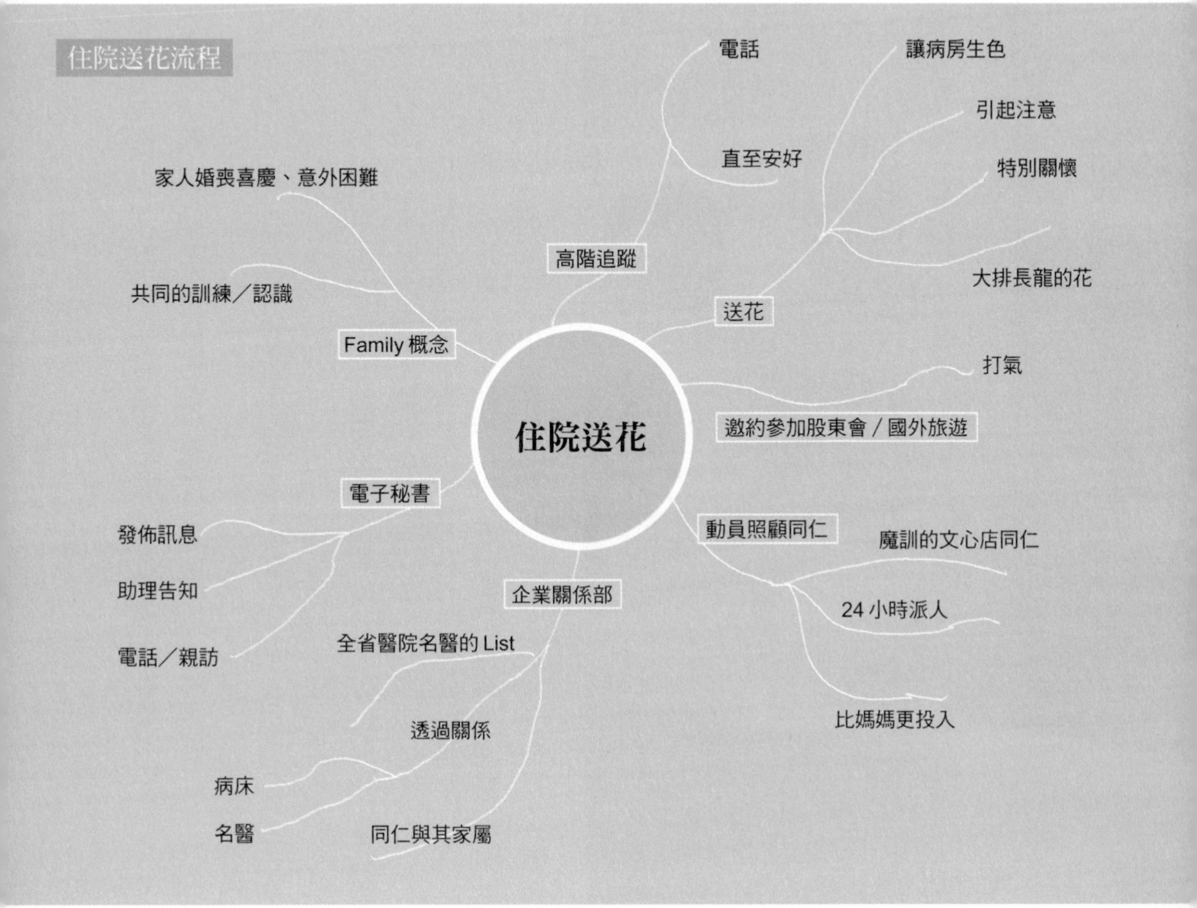
住院送花流程
住院送花
高階追蹤
電話
直至安好
送花
讓病房生色
引起注意
特別關懷
大排長龍的花
打氣
邀約參加股東會／國外旅遊
動員照顧同仁
魔訓的文心店同仁
24 小時派人
比媽媽更投入
企業關係部
全省醫院名醫的 List
透過關係
病床
名醫
同仁與其家屬
電子秘書
發佈訊息
助理告知
電話／親訪
Family 概念
家人婚喪喜慶、意外困難
共同的訓練／認識

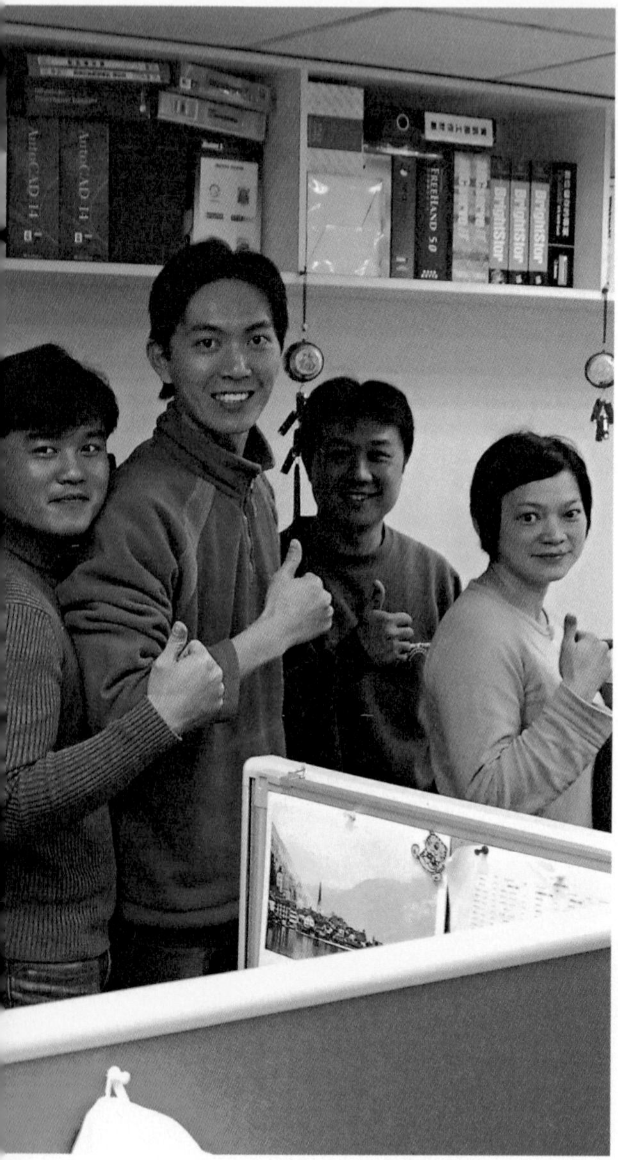

發生了一個不存在於原系統的「新事件」，且是對顧客或同仁有利的，那就設法納入系統來，形成新的作業程序。

就這一點而言，王品的思維跟其他企業是有相當大的差異的。多數企業是花了很多精神，拚命想要把「人力」發揮到極致；王品更重視的卻是「人心」。企業競爭是「人才」的競爭，人才無處不可去，他為什麼願意發揮所有潛力，單單為一家企業效力呢？

王品的想法是：一定是這裡讓他有感情，像個家。這個家不停地在關照他、滋養他，使他成長，給他發揮的空間。唯有這樣，「人」才肯跟你

「來照張相吧！」話語一出，資訊部同仁十秒內立刻集結整隊完成，同時豎起大拇指，露出燦爛自信的笑容。我們是默契十足的「一家人」！（楊雅棠 攝影）

搏感情。他們看重的絕不只是錢！高科技公司常面臨一種狀況，以為員工只看重經濟報酬與分紅配股，最後形成的企業文化甚至產業特色變得「唯利是圖」、「跳槽成風」。經營者若沒看到「人」，只看到「才」，上行下效，員工看到的當然也只有「財」，而沒有「人」，無所謂忠誠度，哪裡錢多就往哪裡去了。

王品相信，讓人才留下來的唯一方法，就是用「真誠的關懷」感動他的心。我們要做到使人才相信：「別的地方薪水也許更高，但要找到像王品這麼照顧我的公司，可就不一定有了。」從而甘心待下來，全心投入。

一開始，王品做這些事，絲毫沒有從「利益」角度著想，只是單純地想要對人更好一點。結果，一個又一個的善念，讓公司進入了「善的循環」。同仁對公司更有向心力，工作戮力以赴，事事用心，真正成為人才匯聚之地了。

王品的信念花園

「一家人主義」是王品的企業理念。同仁就是家人，家人一旦生病或出事了，當然二話不說、義不容辭地挺到底。

王品的諸多作業系統，都是從實際發生的事情當中，發現同仁或顧客需要，然後將它「系統化」，擬定標準流程，最後便成為企業文化的一部分。

多數企業花了很多精神，拚命想要把「人力」發揮到極致；王品更重視的卻是「人心」。讓人才留下來的唯一方法，就是用「真誠的關懷」感動他的心。

安心一輩子

阿榮是王品牛排高雄店的同仁，奮鬥了好幾年，終於升上主廚，成為股東。剛剛娶進門的另一半是越南人，才十八歲，大家都羨慕得不得了。結婚一段時日後，他經常覺得腰痛，剛開始不以為意，以為只是太勞累，貼貼藥布就好了。哪知道愈來愈痛，最後痛到幾乎都站不直了。到醫院檢查後，發現是腦瘤，很糟糕的是，剛好長在控制下半身的神經叢裡。不拿掉，肯定會沒命；想拿掉，要冒的風險又實在太大。最後，為了保住一條命，還是決定動手術，順利拿掉瘤，下半身卻也癱瘓了。

癱瘓後的阿榮，一家大小的生計成了大問題。太太中文不通，媽媽年紀又大，自己復健也要錢，卻無法上班。前途茫茫，怎麼辦才好？

於是，公司啟動了「戴勝益同仁安心基金」，出錢照顧阿榮全家之外，還發動全體同仁一起出力，為他打氣。公司主管到了南部，也都會去探望阿榮，鼓勵他，要他努力復健，早日回到工作崗位。這件事發生在一九九八年，距今已經十多年了。阿榮的狀況沒有更好，但也沒有更壞。每年王品的股東大會，我們都會專程邀請他出席，當年在他手下的二廚、三廚，如今也都升上大廚，一看到師父來了，紛紛爭著幫阿榮推輪椅，「師ㄟ，氣色不錯喔」、「師父，您好」之聲不絕於耳……

阿榮就是第一位使用「戴勝益同仁安心基金」的王品同仁。

安心基金+急難救助，隨時守護一家人

王品集團力行「一家人主義」，同仁之間的感情，就像兄弟姊妹；同仁與公司，就像一對結緣夫妻。只要你是王品的全職同仁，工作滿一年，不管因公因私，不幸喪失了工作能力，公司願意照顧你一輩子。所有的支出，都由「戴勝益同仁安心基金」支付。「同仁安心基金」的設立，溯源於戴董深感世事無常，繁華如夢，想替同仁架起保護傘，免除後顧之憂，能安心工作的一個念頭。

基金的照顧對象，不僅同仁本身，也包括他的家人。一旦遭逢不幸，失去工作能力，經過中常會調查與評定等級後，根據他所需要的醫療費用與家庭收入，按嚴重程度區分為五級，將這個級次乘以政府公告的最低薪資，就是每個月所能領到的實質保障。萬一不幸往生了，基金將會繼續照顧他的子女，直到二十歲長大成人為止。如果屆時配偶也欠缺生活能力，則繼續照顧其一輩子。

「戴勝益同仁安心基金」著眼於長期照顧，讓同仁無後顧之憂，可以拚命向前。然而，重大意外的降臨，不一定會使人喪失工作能力，卻同樣可能教人一下子陷入措手不及的困境，因此，後續又成立了「王國雄急

難救助金」，救急不救窮，希望能發揮緊急援助的功能。

「王國雄急難救助金」起因於一把火。某天突然的一場大火，把某位同仁的住家給燒了個精光，有形的財物不用說了，連存摺、印章、提款卡、證件等，也全都被「火星爺爺」給吞噬了。就算想領個錢住旅館，或是買一套乾淨衣服來更換都沒辦法，那真是叫天天不應，叫地地不靈。

於是，我們想到緊急狀況下如何照顧同仁的方法：只要是王品的同仁，如果遭逢任何天災地變等不可抗力的意外，只要一通電話打來，都可申請無息借款二十萬元，以應付各種緊急所需，先將身家安頓下來，緩一口氣之後，再繼續打拚重整。因為是急難救助，所以二十四小時、無論何時何地，一有狀況，錢就得到位。我的手機從來不關機，除了緊急業務外，「隨時準備照顧一家人」也是重要原因之一。

安危共度，甘苦共嘗

I will cherish our friendship and love you today, tomorrow, and forever
I will trust you and honor you
I will laugh with you and cry with you
I will love you faithfully
Through the best and the worst

天如此藍，地如此寬，王品給予「一家人」的承諾，願像陽光一樣溫暖。

Through the difficult and the easy
What may come I will always be there
As I have given you my hand to hold
So I give you my life to keep
So help me God

我將珍惜我們的友誼，愛你，不論是現在，將來，還是永遠
我會信任你，尊敬你
我將和你一起歡笑，一起哭泣
我會忠誠地愛著你
無論未來是好的還是壞的，是艱難的還是安樂的，我都會陪你一起度過
無論準備迎接什麼樣的生活，我都會一直守護在這裡
就像我伸出手讓你緊握住一樣
我會將我的生命交付於你
所以請幫助我，我的主

西洋式的婚禮中，總會來上這麼一段誓詞，承諾分享彼此的未來，無論好的、壞的，都要一起攜手努力。進入王品，也不只是一份工作而已。我們所願意給予「一家人」的承諾、誠意與行動，如同結婚一樣：「安危共度，甘苦共嘗。」

「戴勝益同仁安心基金」著眼於長期照顧，「王國雄急難救助金」則用於緊急援助。王品給予「一家人」的承諾、誠意與行動，就是「安危共度，甘苦共嘗」。

孕婦最大

在報紙上看到：某間公家美術館為了節省經費，將導覽工作外包出去，外包公司為了省錢省麻煩，竟要求應徵者繳交驗孕證明，懷孕者一律不錄取。這不禁使人想起早期某些企業的不成文規定：女性員工一旦結婚，就得離職。其著眼點，恐怕也是為了避免懷孕的麻煩。從經營的角度來看，員工懷孕了，會害喜而身體不適，要定期產檢，生產時還得給產假，甚至育嬰假，確實不符成本，也造成人事調度的諸多困擾。最好能免則免，眼不見為淨，因而衍生種種不合情理的作法。

但若懷孕的是你的姊妹、老婆或親人呢？心態就不一樣了，只要母子平安，再高的代價也無妨。所以，問題的重點不在於成本，而在於心念一轉：當成一家人，就是喜事；無法將心比心，那就是麻煩事了。

快快樂樂做「鎮店之寶」

王品集團「憲法十八條」裡，有一條經常被人問及：「勞基法不是規定得很清楚嗎？有必要特別拿出來講，還寫到憲法裡去嗎？」那就是第十六條——「各單位主管需關照單位內之懷孕同仁，一切以安全與健康為第一考量。」

店長：「這是我們夏慕尼的鎮店之寶。」
（楊雅棠 攝影）

在王品，懷孕是大事，如果說「呷飯皇帝大」，那麼「孕婦」簡直可比擬太后娘娘了。喜訊一旦傳出，懷孕同仁立刻升等成「鎮店之寶」，隨時可以休息，店長更得隨時注意減輕其工作量，儘量安排以行政或櫃檯工作為主。娘娘覺得累了想休息，主管絕對不可以說「不」。生產時，陣仗就更大了，第一時間就會公布在內部網站裡，一人有喜，萬民慶之。按照王品的文化，賀卡鮮花簇擁而至，各級主管同事關懷祝福的電話與簡訊不斷，都是可想而知的；滿月時，賀禮不用說了，光是部門同事結伴探望，就夠忙上好幾天啦！

懷孕是女性同仁的專利，榮耀歸於姊妹；男性同仁若是家中有喜，可以妻為貴，申請陪產假，不管公事有多忙，當爸爸才是第一要務，幾乎有請必准。原因無他：隨著孩子愈生愈少，不婚、晚婚的同仁愈來愈多，「生產」這件事也逐漸成了大事。「少子化」效應所及，請陪產假曾有件趣事，有同仁問：「我嫂嫂要生了，很緊張咧！那……當叔叔的可不可以也請陪產假呢？」這可錯把馮京當馬涼了，陪產假可是自己太太生產才能享有的。

回到工作崗位的媽媽同仁，面對的關心往往還沒結束。你的身材會被關注，不時便有姊妹們前來嘮叨獻計：如何如何才能快速恢復曼妙身材？還訂下緊迫盯人計畫，一定要你回復昔日的亮麗。

一千六百多年前，為了五斗米不得不折腰，在洞庭湖畔彭澤縣當個小縣令的陶淵明，體念兒子生計困難，特地派遣一名僕人回家幫兒子的忙，隨附的信上寫著：「此亦人子也，可善遇之。」（這也是人家的孩子，你得好好對待他。）這種將心比心的人道精神，千古傳誦不已。到了今天，時代不一樣了，誰都很難以主人自居，將員工當成僕人使喚；然而人與人之間以「同理心」相待的本質，卻是永遠不變的。這或許就是王品同仁如此喜歡高唱阿妹「你是我的姊妹，你是我的Baby……」這首歌的原因吧！

王品的信念花園

心念一轉，當成一家人，就是喜事；無法將心比心，那就是麻煩事了。

對你說聲生日快樂

印尼民丹島上，一年一度的王品同仁旅遊，大家齊聚在飯店裡漂亮的游泳池畔開Party。Bar-B-Q香味四溢，鮮豔欲滴的熱帶水果擺滿長桌，還有現場演奏樂隊。高高的椰子樹下，涼風徐徐吹來，大家都陶醉在悠閒的南洋風情中。這時，服務台突然廣播：「以下唸到名字的同仁，請到泳池邊，今天你們出狀況，害大家都跟著忙啦……」

被唸到名字的人，一時搞不清楚狀況，出列後圍在一起，交頭接耳，討論自己到底何時何地做錯什麼了。這時候，一艘獨木舟載著一個大蛋糕從遠處緩緩飄來（其實是熱心同事潛水推來的），音樂旋律突然一變：「祝你生日快樂，祝你……」歌聲四起，原來是走到哪裡慶祝到哪裡的王品慶生會。這一刻真的很感人！

王品人愛玩，連慶生會也要搞得轟轟烈烈，出人意表。任何花樣，只要你想得出來，大家都願意「認栽」。

在王品，我們格外重視同事的生日，大家都相信：活著，就是一種幸福，就有希望；有緣聚在一起，更是難得。因此，「生日祝福」絕對不可少。平常寫卡片、打電話、送花，那是一定要的，如果正好有聚會、訓練或同仁旅遊，那麼壽星得到的「照顧」就更不得了了。好比在魔鬼訓練營裡，常故意緊迫盯人，釘得壽星滿頭包，再急轉直下，來個一百

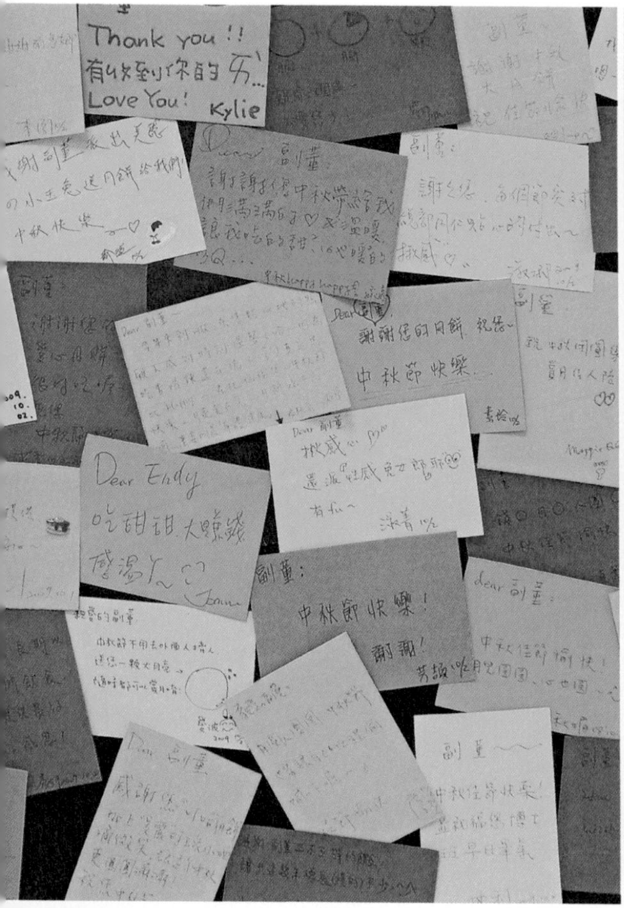

滿滿的祝福的便利貼。（楊雅棠 攝影）

八十度的Surprise，情緒宛如洗三溫暖，保證終身難忘！

花朵電話表謝意，小卡片有大學問

平時，董事長、我和事業處負責人一定會親筆寫卡片給店長、主廚和區經理以上的同仁。每一位過生日的王品同仁，也一定會收到一張該單位的賀卡。賀卡裡可不是千篇一律、年年不變的詞句，更不是將佳句影印、簽個名就算了的那種，而是寫卡片的人精心構思，對壽星寫出最特別的賀語，以表達由衷的、誠摯的祝福和感謝。

除此之外，董事長會在生日當天送一大束花給收到他賀卡的生日同仁，這束花直接送到他所服務的單位，譬如店長，就送到店裡，讓大家都能高興一下；我也送花，是送到生日同仁家裡，向家人表達我們的感謝，也讓家人知道：「哇，原來我的『阿娜答』在公司的地位，竟是這麼重要！」不僅如此，在生日當天，同仁還會接到主管的祝福電話或簡訊。

只有一件事不能做：就是「下對上」的祝壽，恕不允許。碰到主管生日，寫卡片、打電話、發簡訊表達心意都無妨，但絕對不准花錢祝賀。原因很簡單，防微杜漸，避免同仁花太多心思在這件事情上，或者瓜田李下，引起議論，或者真的別有居心，結果形成巴結逢迎的風氣，都不是公司之福，也不是我們想要的文化。

寫卡片是種藝術，但在網路發達的今日，大家愈來愈不會寫卡片，而且格式化的電子卡片也比不上手寫親切。在王品企業裡，寫卡片的藝術卻有日新月異的趨勢。為了動手寫一張卡片，大家不得不多讀書，不得不努力觀察所屬同仁的個性、工作狀況，乃至心情種種。要不然，寫出一張「普通」的卡片，被同事傳為「佳話」，那可就糗大啦！

「你們王品的生日卡片，每張都這麼貴，划得來嗎？」有位朋友這樣說。他的算法，是用主管的時薪換算寫卡片的時間。的確，若用董事長、總經理的時薪來計算，一張卡片可能值上千元。但是，演戲可以彩排，人生不能重來，生日過去一次就少了一次，如果不能歡喜同慶，又怎麼叫一家人呢？家人之間，是無價的，不必計算！

王品的信念花園

在王品，我們格外重視同事的生日，大家都相信：活著，就是一種幸福，就有希望；有緣聚在一起，更是難得。

上山下海做家訪

開了好幾個小時的車，再彎過一個山頭就到了。這裡是台東大武鄉，我們正在做每年例行的家庭拜訪。

讀小學時，每學年老師都會來家裡訪問，這件事讓我印象深刻。家庭訪問時看到的老師，和在學校時很不一樣。在學校裡，老師總是一板一眼，跟你講道理談課業，「公事公辦」，很嚴肅。家庭訪問時就不一樣了，整個人親切起來，天南地北閒聊，就算聊到功課，也是笑瞇瞇地鼓勵多於責難，互動氣氛非常好。

相對的，親自拜訪家長，看看家庭狀況，老師也會比較瞭解學生，原來他的某些表現是有原因的。學生的行為和價值觀來自父母，也來自環境，家庭這樣那樣，學生便容易這樣那樣。家庭訪問使老師對學生有了更多的認識與理解。

從瞭解同仁、感謝家人做起

一般企業的雇主與員工，除了「公」的接觸外，類似學校般的家庭拜訪，除非「出事了」（也許好事，也許不好的事），否則可說絕無僅有了。王品卻不一樣，因為「一家人主義」，拜訪店長、主廚的家庭成為主管每年必然的行程，就像小時候的家庭訪問一樣。

我們想到的是，同仁能在王品安心工作，努力打拚，背後一定有來自家庭的支持。平時，不僅以「分紅」對他個人表示感謝；過年之前，也應該親自登門拜訪，向他的家人們表達謝意，謝謝他們堅定的支持。只是，王品集團人數眾多，很難全數一一拜訪，因此我們擇定具有「分店主管」資格的同仁，作為家庭拜訪的主要對象。

王品集團每家分店大約有五十位工作同仁，必須經過激烈的審核程序，成為五十人的前兩名，方有機會成為王品分店的店長與主廚。這些主管都是工作認真負責，也具有一定專業程度的人，可說是整個集團的中堅份子，也是日後希望之所託。這是王品集團各事業處負責人每年重要的行程，必須到所屬分店店長與主廚家裡一一拜訪，一個都不能少。

王品同仁來自全台各地，家庭拜訪自然也就得天南地北、上山下海地到處跑。這種行程，往往帶給我們許多意外驚喜。有些主管來自淳樸的鄉下，像是台東大武山，開車南下再往東走，過了楓港，還要上山去。公司主管親自到家裡來，那可是件大事，往往把「事業處負責人」當成了大人物，一大早就等候著，讓我們頓時不好意思起來。有時帶了些糕餅當伴手禮，也不是什麼貴重禮物，同仁的爸媽卻非常高興，一邊感謝，一邊泡茶端水果拉椅子。「歹勢啦，田庄所在，沒啥倘招待。」大家閒話家常，像是今年的山蘇收成好嗎？颱風過後有無損失？有時大家到田裡走走，看看作物的生長情形。這般彷彿回家的貼近感覺，真的非常好。

拜訪時，我們會親自提出兩項邀請。第一，是邀請同仁的爸媽和另一半來參加股東會，跟大家聚一聚。這種當面邀請，比起一紙「股東大會通知書」，顯得更有誠意。也因此，一年一度的王品股東會出席率總是很高，會議時間不長，餐敘玩樂反倒成了重頭戲，最後也成了王品的重要節日之一。甚至到了報名階段，發現哪位同仁的家人沒參加，董事長還會打電話關心：怎麼只有一個人來？家裡有什麼狀況嗎？要不要幫忙？

第二，是邀請同仁全家大小，通通都來參加年度國外旅遊。透過集體出遊，交流互動，凝聚彼此感情，讓公司更像一個大家庭，互相關懷，一同成長。

家事，婚事，事事關心

由於年年都要拜訪，久了熟了，真的也就像家人一般。有時老先生老太太會憂心地說：「怎麼辦？都過了適婚年齡了，請幫忙留意一下婚事吧！」聽到這種話，往往很自然地會以「兄長」身份跟當事人說：「欸，伯父伯母這樣擔心你，你也該加加油，今年就把結婚這件事列入

股東會時，王品求婚大隊出馬，美好姻緣必成。

工作重點吧。年底要是沒達成目標，我可要扣你考績喔！」

經過這麼一「威脅」，「促婚率」還蠻高的，不少同仁真的就結婚了，有內銷，也有外銷的。隔年再去家庭拜訪，便可以得意地宣布：超級任務，成功！

有一次，我們發現有位主管同時竟有三個交往對象，由於不知該如何選擇，感情事「卡」住了。瞭解情況後，我三句不離本行，建議一起來做ＳＷＯＴ分析（Strength強項、Weakness弱項、Opportunity機會、Threat威脅），看看哪個最適合？兩人你問我答，表列分析了幾個鐘頭後，果然跑出了一位「最佳對象」。我讓他回去考慮一個星期，再給我答案。

一個星期後，這位同仁告訴我，經過這番理性分析，真的覺得其中一位對象很合適。兩人不久便結婚了，如今也有了三個小孩。

「你們專門在幹傻事，這完全不符合成本效益，沒道理嘛！」當我興致勃勃地跟一位企業界友人談到這項年度例行公事時，他卻以一名事業處總經理的月薪，反推出一次拜訪所花費的時間成本，而得出這樣的結論。我的回答則是：「如果你把對方當成一般主管，那確實不合成本，但如果你把他當成一家人，就無所謂成本了。」

為家人所做的一切，是不用也不能計算成本的。

家庭訪問說起來不難，因為「有心」，把它當成一件「超級任務」來辦，用心一年，用心兩年，用心三年……年年用心，事事用心，誠意就出來了。誠意喫水甜，同仁的家人受到感動，也就感動了同仁。家庭永遠是個人的安定力量，有了家的支持，一起拚，一起賺，一起玩，也才有可能。

倘若每年一次的家庭訪問，能讓「對的人安心地待在對的地方」，就企業經營而言，就有長期的價值了。

王品的信念花園

誠意喫水甜，同仁的家人受到感動，也就感動了同仁。家庭永遠是個人的安定力量，有了家的支持，一起拚，一起賺，一起玩，也才有可能。

感動的同仁旅遊

每年的九月到十一月，是王品集團的Happy Time。請別誤會，不是說一年裡的其他時間王品人就不快樂了，而是每年這時候是王品集團同仁旅遊期間，出發前，從總部到各分店，無不瀰漫著滿心期待的興奮情緒；旅遊時，大家玩翻天，歡樂無窮盡；回來後，還有說不完的美麗回憶，久久徘徊不去。

王品的同仁旅遊，不限職銜，連工讀生也歡迎參加，為的是拉近同仁之間的感情，也使大家對公司有更多的認同感與向心力。因此，做到「令人感動」，就成了王品同仁旅遊的最高目標。

要讓數千人在三個月的時間裡陸續出遊，絕非容易的事。更重要的是，公司堅持品質，玩也要玩到最好的，不能只是虛晃一招，沒有任何「有得玩就不錯啦」的心態。要玩到最好，關鍵就在於「魔鬼細節」的事前準備。

事實上，王品自有其旅遊觀點，也訂出一套標準作業程序，經過仔細思考、討論、參酌經驗，找出決定旅遊好玩與否的關鍵點，然後與旅行社一一磋商、規劃，務必要讓每次同仁旅遊都非常好玩，異常難忘。

好玩三關鍵：導遊、餐廳、車輛

為了同仁旅遊，王品每次都動員大批人力，進行各項行前考察。首先是篩選旅行社，分初選、複選、決選三個階段。初選由承辦旅遊部門負責，初步過濾後，便交由一個特設的「委員會」複選。這時候，入選的各家旅行社都要與會報告，接受各種假設狀況的「嚴加細問」；最後才交由「中常會」決選。

王品集團每年同仁旅遊預算大約是三千萬，這麼大的支出，付款當然得小心謹慎。我們與旅行社的配合模式，是出發前預付九十%的款項，結束後再給付十%的尾款。旅行中倘若有人為疏失，導致品質受損，王品是會扣款的。這部分，旅行社得有信心，敢拍胸脯「掛保證」才行。這樣做的好處是，業者在全程服務中不敢輕忽或怠慢，王品同仁相對容易獲得最好的服務。

旅遊好壞的第一個關鍵，就是「導遊」。碰到擅長帶動氣氛的導遊，整個行程令人興致盎然，哪還捨得閉上眼睛蒙頭睡覺？因為睡了就會錯過精采導覽，少聽了八卦趣聞，少買了特色名品。

為了確定每位導遊都有三把刷子，能夠將王品旅遊團帶到最高境界，通常我們會派出一組先遣人馬考察路線，並一路觀察導遊如何帶團，怎樣講故事，時間掌握得好不好。也跟當地的承辦旅遊公司詳談，看他們的做事風格與態度，瞭解他們怎麼跟遊客互動。接下來，則是考察餐廳品質。很多人在旅行時只重視景點，吃不好沒關係。但王品同仁個個是美食專家，哪一餐吃什麼，怎麼吃，都是一等一的大事，絕對馬虎不得。

考察團順著景點，餐廳一家跑過又一家，菜一道試過又一道，一定得試吃到滿意才喊ＯＫ。假如餐廳不錯，就是有幾道菜不到位，便要求餐廳重做。再試，滿意了，就拍下「定裝照」。王品旅遊團來時，必須不打折扣，照樣端出菜來。早期我也曾加入考察團，旅行社人員跟過之後都很驚訝：怎麼會有一家公司這麼認真，「沿途就看到一直在試吃？」這就是王品精神，一件事不做則已，要做就得排除萬難，做到最好才放手！

出外旅遊的另一個重點，就是車輛。王品團一定要求三年內的新車，因為乾淨、安全、舒適，冷氣也比較不會故障。常去東南亞的人就知道，當地有一種「黃昏牌冷氣」，就是車開了半天，直到黃昏時空調才會冷。坐上這種車熱都熱死了，哪還有心思玩？當然要留意。

王品考察團帶著地圖和行程表，一站一站仔細查核，發現與既定行程不一樣的地方，立刻要求旅行社說明；點與點之間的車程太長了，馬上調整；血拚店價錢看來不公道，對不起，請換掉；旅行社好意加送景點，如果動線不順，景觀不特別，那就謝謝，請刪掉！好玩與否跟景點多

「魔鬼細節」的事前準備，總能讓王品的同仁旅遊好玩又感動。

少，未必成正比。貪小便宜，反而可能因小失大，千萬要小心。

「車代表」充分照顧每個細節

出國旅遊時，換外幣是件麻煩的事，同仁們各自為政，不但沒效率，還可能出差錯。幾經討論，後來便要求旅行社增加服務，事先備好外幣，以一百美元為單位，直接在遊覽車上兌換。用多換多，用少換少，十分鐘就可搞定，方便省事，匯率也不吃虧。

到了飯店，大家急著check-in，王品團一梯次超過百人，若採取傳統發鑰匙方式，恐怕要耗費幾十分鐘。經過檢討，改善之法是要求旅行社事先與飯店作業好，將每輛車每個房間的鑰匙分配妥當，直接在車上發放。如此，同仁一到飯店，就可進房休息、換衣服，節省枯等的時間。

專門負責旅遊品質「最後一里路」的「車代表」，每車一人，天天起早趕晚，服務同仁。當晚還要開會，檢討當天所有行程細節，發現不滿意處，隔天立刻要求改善調整，以確保每個細節都被充分照顧到。你可不要以為車代表隨便找個新人來陷害就可以了。所有的車代表，都是經過集團特別邀請，必須是店長以上的主管才能擔任。他們的經驗比較豐富，難得一年一度的旅遊，更要彎下身來服務同仁，帶給大家最美好的回憶。

同仁旅遊是一種服務，有服務就有評估，這是王品的慣例。旅遊結束之前，我們會請出遊同仁填寫「滿意度調查表」，如果拿不到九十五分，負責主辦旅遊的部門可就頭大了。因為回來之後，還得仔細檢討並詳細說明，為何同仁們沒有給到九十五分？

經過長期的經驗累積，承辦王品旅遊的旅行社告訴我們，有些企業只要聽到是王品走過的行程，二話不說，立刻買單。由於王品的行程考核非常仔細，甚至「龜毛」，等於直接協助旅行社將自身的標準流程建立起來，王品團不滿意之處，往往就是他們改善的依據；甚而，有時「叫不動」當地合作業者時，也因為王品的堅持和反應才得以突破。換句話說，藉由接待王品團，旅行社也在做他們的流程管理和改造，提升服務品質。這又是一種無形的、跨業界的「善的循環」。

王品的信念花園

王品堅持品質，玩也要玩到最好的，沒有任何「有得玩就不錯啦」的心態。要玩到最好，關鍵就在於「魔鬼細節」的事前準備。

一件事不做則已，要做就得排除萬難，做到最好才放手。這就是王品精神！

創意股東會

「顧客第一、同仁第二、股東第三」，這是王品集團上上下下都知道的一件事。顧客第一，道理很簡單，公司的存續是靠顧客願意登門消費，「衣食父母」當然擺在最前面；同仁第二，也不難懂，大家齊心出力，創造業績，公司才維持得下去；股東第三，這是飲水思源，若無股東出錢支持，就不可能有今天的我們。吃果子拜樹頭，這是人之義理，不可忘記。

一般公司舉辦年度股東會，大概都是租一間禮堂，流程排一排，大家行禮如儀，你問我答一番，最後領了紀念品完結了事。對王品人來說，這樣的形式實在表達不出對「出力者」、「出錢者」的感激之意，一點兒都不好玩。每年股東會，王品人總是要作怪一下才過癮！

台鐵彩繪，戴董變裝

關於股東會，我們的思考仍是以人為本，從「人」出發的。股東的心情在何時最放得開，能積極參與，使股東會更具蓬勃生氣？結論是：一、最好不要在會議室或禮堂，一走進這種場合，大家容易公事公辦，想輕鬆也輕鬆不起來；二、最好連家人一起來，有家人在場，自然和氣融融；三、既然家人都來了，只開股東會實在太無趣，那就設計成聯誼形式吧；四、既然要聯誼，就得有更多點子，好好鬧一鬧才行。

王品的中常會成員，在股東到達會場時，玩起變裝秀，熱烈歡迎「家人」。（二〇〇七嘉義王子飯店股東會）

於是，二〇〇六年，王品集團包下台鐵整列自強號，車廂外全部重新彩繪，有牛排，有日式料理，有火鍋，有各式各樣的餐點圖案。當列車緩緩進站，受邀與會的股東和家屬們整個high到不行！大夥兒拚命拍照，跟家人拍，跟同仁拍，跟主管拍。股東會未演先轟動，你說，大家的感情怎麼會不好？

上了車，還有把戲。我們請戴董變裝成列車長，到每一節車廂去剪車票。大家看到列車長，只覺得怎麼如此面熟，咦咦咦，原來是董事長啦！戴董穿著列車長制服，背著當兵用的值星官紅背帶，一路剪票，一路問候所有人，既親切又趣味，大家簡直笑翻了。

剛被董事長變裝嚇過，後面又來一個推車賣零食的，定睛一看，天啊，是董娘！董娘一路推車，一路問：「要買巧克力嗎？還是餅乾、口香糖？全部免費，通通不要錢。」連董事長夫人都變裝出動，全車樂翻天了。

有人問我們：台鐵不是很難溝通嗎？的確，簡直困難重重。但若不難，沒有挑戰性，又怎會教人記憶深刻，又算什麼創意搞怪呢？

高鐵享牛排，握手說感謝

到了二〇〇八年，大家又想挑戰不可能，這次升級為高鐵，並且讓股東

二〇〇六年股東會，戴董化身列車長，王品集團列車啟航。（左上）

二〇〇八年股東會，戴董身穿大廚服，為乘坐高鐵的股東分送牛排。（左下）

王品集團
40FP 10029 (K)T

感謝王品貴賓蒞臨
品田牧場

二〇〇八墾丁凱撒飯店股東會，戴董在飯店門口進行迎賓儀式活動。（右）中常會成員變裝「優人神鼓」，以擊鼓舞啟開序幕。（左）

在高鐵上享受王品牛排！那麼，就請戴董穿大廚服裝並親手送上牛排好了。消息傳出，電視媒體又是一陣追逐。股東會被炒得鬧熱滾滾，大家開心極了。

來到墾丁，王品包下了整個凱撒飯店。在大飯店開股東會，光這股氣勢就很夠力了，更別說在餐廳、游泳池、健身房，走來走去看到的都是熟識的股東面孔，就像一家人出遊般。王品還弄來一台冰淇淋機，冰淇淋完全免費供應，按了就有。不管什麼時候，總有一群小孩子在排隊，完全「呷免驚」！我們又設了一個「點心吧」，只要你喜歡，隨時都可享用供應不絕的精緻小點。這般玩法，哪像股東大會啊?!

我們在細節上的用心不僅如此。王品同仁幫每一個人都做了個特大的名牌，請大家別在身上，股東、家屬都有。這樣一來，有些股東的家人你雖不認識，但一看名牌就知道來歷，很快就能聊上話。

王品的股東家屬很多是純樸的鄉下人，平時沒什麼機會跟人握手，我們便特意營造情境，如果可能，還給一個熱情的大擁抱。好比墾丁股東會那一次，高鐵只能開到左營，從左營到墾丁要換遊覽車，六人決策小組成員便先行趕到凱撒飯店變裝，換上花襯衫，戴上花環，打扮成普吉島度假風情。等到股東和家屬們抵達時，六位大股東便站在大門旁迎接，跟每個人握手，寒喧互動，讓大家有回家的感覺。

到了晚上，迎賓晚會結束後，我們幾個人又排隊跟大家握手道晚安；隔天吃完午餐要離開了，我們再次跟每個人握手，感謝大家的參與。那些來自鄉下的爸爸媽媽們都說，這輩子握手握最多的，就是在王品股東會，感覺好溫馨！

王品人就是愛玩，就是有無窮的創意！

行程看起來似乎都在玩，那麼股東會何時召開呢？呵呵，第一天下午就開完了，三個小時輕鬆解決，趕快開完趕快去玩！

股東證書代表一種託付與承諾

在王品，股東會其實只是個名義，事實是跟股東家人聯誼。因為王品股東都在公司工作，真有什麼要檢討或討論的，聯合月會或中常會裡早就討論完了。王品的企業文化是即知即行，怎可能留到年度股東會才來討論？這個股東會，純粹是就過去一年的業績做個回顧，並正式向大家報告，新的一年裡公司準備怎麼做。

在股東會時，我們還會安排每個事業處負責人、店長或主廚，輪流出來談談他們過去一年的酸甜苦辣，或是有哪些新的突破。同時，對於今年新加入的股東，正式頒發股東證書，讓他的父母親自看看自己的孩子從董事長手中接下股東證書的畫面。那是一種託付，把王品託付給了夥伴；也是一種承諾，承諾從此我們都是一家人。

因為這樣的付託與承諾，因為這樣用誠意舉辦的股東會，王品集團人才流動率極低，遠低於百分之三。也因為這樣，若有人動念想離職時，他的父母往往會幫我們勸勉孩子呢！

我一直相信，經營者用什麼心情對待同仁，最終，這番用心也會以你意想不到的形式回報給你。這又是一種「善的循環」吧！

王品的信念花園

股東會應該更具蓬勃生氣，最好不要在會議室或禮堂，最好連家人一起來；既然家人都來了，那就設計成聯誼形式吧；既然要聯誼，就得有更多點子才行。

因為這樣的付託與承諾，因為這樣用誠意舉辦的股東會，王品集團人才流動率極低。

經營者用什麼心情對待同仁，最終，這番用心也會以你意想不到的形式回報給你。

成長訓練篇

磨練有理・玩樂無罪

魔鬼訓練營

在王品，自我學習與挑戰幾乎形成了一股風氣。這些項目林林總總，有精進專業的，有鍛鍊體能的，有出國進修的，有島內交流的，有集體的也有個人的。大體而言，性質可分為「選修」與「必修」兩種。「選修」項目可隨自己意願與喜好，自由參加；「必修」則列入人事考核，你若想升到某個位階，就一定要修某些學分。其中有一項可稱為「成年禮」的，只要你是王品集團服務滿一年以上的幹部，或服務滿二年以上的全職人員，包括高階主管，都得參加，那就是「魔鬼訓練營」。

魔鬼訓練營的「營」，沒錯，就是軍營的「營」。三天兩夜的營隊，宛如新兵訓練中心，從第一天早上五點半在台北車站集合分組起，一切採用軍事化管理，講究絕對的服從，只有團隊，沒有個人。每天早上五點就得摸黑起床跑步，一路操到夜沉沉才能就寢。不及格的小組，還得挑燈夜戰，檢討到深夜。可說是「起得比雞早，操得比牛累，吼得比獅還大聲」，真的很魔鬼！

魔鬼訓練的目標，就是所謂的「重新再造」。先教每個人服上一劑兇猛的「歸零膏」，粉碎學員既有的思維慣性、自以為是的偏執，一切歸零之後，透過團隊合作，重整他的信心，激發出前所未有的潛能。

三天的課程，有靜也有動。一天二十四小時，時時刻刻讓你緊張到透不過氣來，有人甚至連做夢還在大喊大叫。大體而言，最讓學員印象深刻、永難磨滅的訓練項目，有下列幾種：

「大聲公」，吶喊出前所未有的力量

劍潭活動中心大門口的中山北路，寬約一百公尺，地處交通要道，車流量極大，尤其上班時間車水馬龍，喧囂震天。這時候，學員被帶到圓山那一側，裁判則站在對面人行道上。學員必須使盡全身力氣，宛如河東獅吼般喊出六句口號，沒有麥克風，沒有擴音器，對街裁判每個字都聽到了，就算及格。口號背錯或裁判沒聽見，就得一切重來。

這個訓練看似簡單，其實並不容易。每個人的肺活量不一樣，音質也不同，想要壓倒平均高達八十幾分貝的車行噪音，沒使出吃奶的力氣還真不行！有些女學員一開始怎麼叫也叫不出來，慌張之下，急得都快哭了。這時候，有經驗的輔導員一看就知道，這位適合用罵的，這位應該鼓勵，有時大聲斥責，有時柔情勸導。總而言之，就是要激勵學員把前所未有的力量給吶喊出來。

從一開始的不可能，被激受罵，重振旗鼓再喊再叫，喊了半天還是不行，再被鼓舞再喊。屢喊屢敗，屢敗屢喊，周而復始。不要小看只有六句口號，通常都得喊上一個小時才能過關。為什麼要這樣折騰人呢？

「重新歸零，再次挑戰極限」，這是我們對已經工作了一段時間的同仁的期望。工作久了，順手了，很容易安於現狀，很可能熱情消滅，少了創新的想像。然後便慢慢墨守成規，碰到問題很容易先入為主地認為不可能。這個訓練，就是要打破這種迷思，激發出同仁的潛能，重新出發。

那麼，萬一始終沒過關，豈不弄巧成拙？這個倒可以放心。每次的「大聲公」訓練，不只受訓學員在場，從事業處主管、店長到工作夥伴等「親友團」，都會到場加油打氣。尤其媒體朋友，一聽說王品又要「大聲公」訓練了，一定前來捧場。現場燈光一打，攝影機一對準，學員榮譽感盡出，一次不成兩次，兩次不成三次……說也奇怪，至今還沒有過不了關的。

「四根柱子」，鼓起信念往前衝

「你不夠努力！」「你一定會更好！」「你一定會成功！」「加油！衝啊！」

在劍潭活動中心的大禮堂上，四張標語貼在周邊四根粗壯的柱子上，所有學員脫掉鞋子，穿著白色的體育服裝，屏氣凝神地坐在地板上。一百

魔鬼訓練營之震撼教育，大聲吶喊出前所未有的力量吧！

個學員裡只能有一位衝至會場，而且要比任何人快，用驚天動地、震人魂魄的氣勢，大聲喊出自己的名字和四根柱子上的標語，若不能感動在場所有學員與輔導員，就必須再跑一圈。

通常一開始喊得最有氣勢，跑了幾圈沒能通過後，聲音就會開始下沉，氣勢開始減弱。再過半小時，聲嘶力竭，身體疲憊，還要一次比一次更有精神，更有震撼力，就變成一項艱難的任務，挑戰也就在這個時候。

這時，正是要激勵自己再接再厲，告訴自己：不能過關一定是「不夠努力」，相信透過努力「一定會更好」，一定能達到「成功」境界。這是一種信念，是支撐一個人挑戰困難、突破挫折的關鍵。一旦信念鼓起，就叫著自己的名字「加油！衝啊！」將信心化為行動，把目標具體實現。

如果因為害怕失敗而不敢衝入場內，一直坐在地板上，意志很容易就被摧毀了。鼓舞自己不要等，不要怕丟臉，要把握機會，趕快衝到會場展現力量，這又是另一個考驗。機會不能等，機會是要自己創造的！

「晨跑五千公尺」，個人競爭力化作團隊成長力

除了突破心理障礙、挑戰自我極限外，「晨跑五千公尺」也是重點訓練之一。其目的，不完全在於個人的體能考驗，更重要的是團隊精神的凝

相信自己「一定會成功」，將信心化為行動，把目標具體實現。

×××你一定會成功

聚。晨跑路線從劍潭活動中心出發，經過士林官邸、雙溪公園，再繞回來。同梯次全體學員都得跑完全程，一個也不能少，這就考驗著大家的團結力了。

你可能是路跑健將，五千公尺輕輕鬆鬆跑完，但若大家一起跑時，有男有女，有年紀大的有年紀小的，體能狀況都不一樣，這時候，你要如何發揮自己的長處，幫助那些跑不動的人？怎麼鼓勵大家，一起達成目標？如何把個人的競爭力，轉換成團隊的成長力？在這個訓練裡，我們可以看到同仁的領導力和經營力。有的人就是會經營團隊氣氛，排除雜音，使大家患難與共，奔向共同目標。這在經營上是有很大意義的。

三天的魔鬼訓練營，前兩天是緊張到讓人發瘋的訓練，最後一天則是相對輕鬆的心得發表。學員輪流分享受訓心得，並訂下未來一年中希望改變的目標，無論工作、生活、學習，甚至減重都可以。這是一種訓練的無形延續，也就是將學員在這三天所激發出來的潛能，灌注到實質目標之中，透過公開宣示的儀式，邀請大家幫助自己達成目標。這一年裡，相關主管也會不時跟同仁檢視進度，且透過各種方法，運用組織的力量，讓同仁進步，達到目標。

訓練，不能只靠外力，也必須內化成日常工作的一部分，時時追蹤，溫故知新。經由這樣的延續，同事不只有了nothing is impossible的信心，甚至會發出impossible is nothing的豪語呢！

值得一提的是，王品的制度或訓練，重點幾乎都擺在「團隊力」，包括分紅，也是以團隊為單位，絕不會因為某人特別傑出，就多發一些獎金給他。前面所提的三項訓練，也都是以「組」為單位，甚至有「連坐」條款，一人失敗等於全組失敗。王品人不強調個人英雄主義，個人再怎麼強，能力畢竟有限，我們希望的是——整個團隊一起發光發亮！

王品的信念花園

「重新歸零，再次挑戰極限」，這是我們對已經工作了一段時間的同仁的期望。「魔鬼訓練營」就是要激發出同仁的潛能，重新出發。

王品人不強調個人英雄主義，個人再怎麼強，能力畢竟有限，我們希望的是整個團隊一起發光發亮！

終身學習的王品大學

王品雖然是一家私人企業，整體而言，毋寧更像一所終身學習的大學。王品集團的系統化程度，比一般大學還要嚴謹，晉升考試比考大學還困難，功夫不夠扎實，肯定過不了關、上不了場。

要當店長，得修足店長級學分才能往上升遷，這些課程包括：基礎工作站訓練、店鋪實習，以及六大組課程（行政、接待、訓練、訂貨、排班、維修）。店長、主廚以上主管，則必須終身學習到底，職場生涯中要完成管理師課程和三百個社會學分（遊百國、吃百店、登百嶽）。修完二〇六學分，就已比一般大學、碩士班、博士班的學分總和還多呢！

如此扎實的訓練，完全有賴於總部訓練部門的專業和創新。以王品文化為核心，融合儒家、法家、道家及相關哲學精神，發展出「連鎖七策」（見一〇一頁），其中光是SOC（Station Observation Checklist，工作站觀察檢查表）就有多達四十五本的教育訓練手冊，每本至少一百四十頁以上。這些點滴累積而成的知識管理手冊，以及徹底的執行追蹤，正是王品可以迅速展店，並且維持一定服務水準的關鍵所在。

操作＋管理＋領導的二〇六學分

「客人進門或離開，都不能讓客人的手碰到門把」，「入座一分鐘內，躬

盡心服務，用心感動客人；有了滿足的顧客，就有幸福的企業。（楊雅棠 攝影）

身十五度送上水杯和菜單」，「點餐後三分鐘內送上熱麵包」，「水杯的水少於一半時，一分鐘內要加水」，「生菜沙拉每根蔬菜長度十七公分，寬圍一公分，誤差只能零點一公分」……

在王品學院裡，這些都屬於基礎訓練課程，大致可分為三個面向：一是「操作面」，包括怎樣開門，如何倒水、點餐……等與客人直接接觸的基本服務功夫；二是「管理面」，譬如存貨管理、運作效率管理、食品衛生管理等店面基本經營實務；三是「領導面」，這是更進一步的訓練，諸如如何鼓舞團隊，瞭解商圈，讀懂損益表、資產負債表，分析能力的培養等等。只要修完這三個階段的二〇六學分，檢定及格，新人們大多可蛻變成優秀的餐飲管理者。至於是不是優秀的領導者，還得視其本身的修練和格局。所謂「師父帶進門，修行在個人」，能不能教夥伴們打從心底佩服你，可得靠自己的智慧和領悟力了。

在王品，你若想要晉升，就一定得修完該職級的必修學分。但也不是任令你自我摸索，只要你有意願，訓練部便會使出各項法寶，幫助同仁盡快修畢。首先，將每個人的修業進度公告在內部網站，讓所有同仁都來關心你，為你加油打氣；其次，每家分店都會製作一份「戰報」，公布誰修了哪些學分，到目前已累計了多少？好讓同店夥伴協助「監督」、「鞭策」你奮勇向前；最後，三不五時店長或獅王也會來「問候」你的

連鎖七策

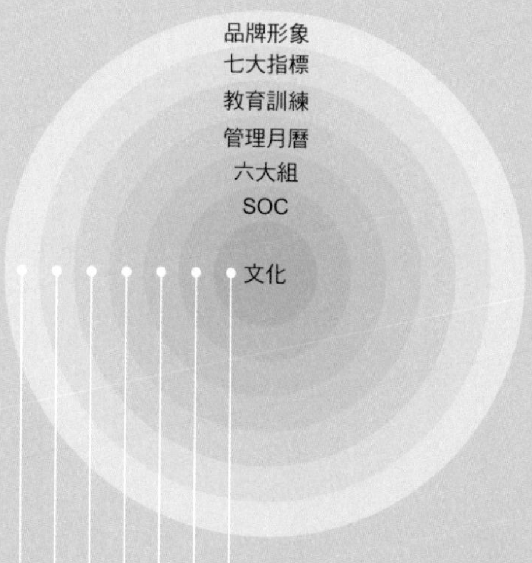

文化

王品文化包含了法家精神、儒家精神、道家精神，具體的呈現則是「王品憲法」與「龜毛家族」。

SOC

將大廳服務流程分成十七個工作站，廚房有十六個、吧台有八個生產流程工作站。

六大組

每家餐廳均可分為大廳：行政、接待、訓練、訂貨、排班和維修六大組，廚藝：訓練、訂貨、排班、維修和食品安全五大組。

管理月曆

包括O／C表（open／close 開店、閉店檢查表）、SOC自評／被評檢核表、營運評分表、顧客滿意度及幹部會議、工作檢討（work review）。

教育訓練

包括二〇六個教育學分：工作站學分、總管理處學分、事業處學分、學科學分及企業外訓學分。三百社會學分：一年吃百店、一生遊百國、一生登百嶽、一月讀一書、日行萬步及鐵人三項。

七大指標

在服務上，王品設定了七項指標來牽制：0800天使來電通數（25%）、不當金額（25%）、營業額目標達成（10%）、低離職率（10%）、工作計畫評核（10%）、財務稽核（10%）及食安稽核（10%）。

品牌形象

顧客正面的評價和優質的累積，都可視為品牌形象的累積。

進度。就這樣，「無所不用其極」地想方設法激發同仁學習動機。只要有效，不管壓力、動力或是鼓勵，通通搬出來用，大家一起學習成長。

E-learning，E化學習無止盡

「學無止境」在王品絕不是口號。訓練部門每隔一段時間就會召回各階層同仁，舉辦各種教育訓練。除了「魔鬼訓練營」，還有兩天一夜的「管理課程」集訓。

第一天從早上九點到晚上九點，扎扎實實上完一整天的課，隔天立刻驗收，有筆試也有口試，主要是狀況題，也就是以假設的突發情境，考驗受測者的機智反應。也因此，集訓之夜總會看到一大票人挑燈夜戰，不只應考的同仁人仰馬翻，連擔任輔導員的店長或主廚也得使出渾身解數，協助考生順利過關。學員熬夜準備，輔導員也幾乎全程陪到底，就怕別組都過關了，自己這組卻慘遭滑鐵盧。畢竟輸人不輸陣，熬夜事小，面子事大，萬萬輕忽不得。

這般宛如大學聯考的緊張狀態，拜科技之賜，自二〇〇七年公司系統E化之後，大家終於可以比較輕鬆的學習了。集團前前後後花了三年時間，發展出E-learning學習管理系統，將所有的教材、課程和教師手冊全面E化。這讓所有參與集訓的人都鬆了口氣。學員可以透過動畫版

的趣味教材，先從網路學習並嘗試模擬測驗，通過網路測驗後，再報名實體課程，上課時沒有限時吸收的時間壓力；老師或輔導員也不必急著塞東西給學員，又擔心他們消化不良。這時候，實體課程毋寧更像是考前複習的雙向交流，學習起來更有效率，收穫也更快更多。而這套系統，也使王品在二〇〇七年獲得經濟部所頒發的「九十六年度產業學習網『最佳企業應用獎』」呢！

熱鬧滾滾的王品盃托盤大賽

身為台灣餐飲業的一份子，如何提升餐飲業者的專業形象，如何訓練更多的餐飲人才，搭起產業和學界、理論與實務之間的橋樑，如何鼓勵有心從事餐飲業的新人看到餐飲業的未來，一直都是王品思考的重點。

二〇〇七年，王品開台灣餐飲服務業之先例，舉辦了第一屆「王品盃托盤大賽」。「托盤」是上菜的重要環節，也是餐飲服務人員的基本功之一。倘若連盤子都托不起、托不好，其他服務也就可想而知了。也因此，在國外經常舉辦托盤比賽，訓練切磋之外，也加深社會大眾對餐飲專業的瞭解與尊重：原來連端個盤子也大有學問的哪！

對細節嚴謹要求，只為一場完美的演出。

托盤大賽分為學生組和職業組。第一年，學生組有兩百四十八隊報名參加，幾乎台灣各大學餐飲系和餐飲學校都報名了，熱鬧滾滾，也忙壞了工作人員。第二年便改成以學校為單位，先經過校內甄選，每校最多可選出兩組參賽。職業組，也就是社會組，由餐飲業者組隊出馬，包括五星級飯店如君悅、喜來登、圓山、國賓……等無不秣馬厲兵，精銳盡出。總之，無論學界或業界，都給足了面子，鼎力支持。這下子王品也

比速度，也要比穩定度。托盤大賽參賽者個個卯足全力前進。

不能漏氣，一定得卯足全力，辦出媲美國際水準的活動才行。

為了辦好國際水準的托盤大賽，王品同仁花盡心思，全部過程一再演練，各種狀況想了又想，任何細節都不敢輕易放過，就怕漏掉什麼。所有流程每五分鐘便設一個檢查點，多方確認，只求完美演出。

活動當天，我們請來經驗豐富的店長負責舉牌進場，若有意外狀況發生，這些「老鳥」們足以臨機應變。主廚負責現場清潔，萬一比賽隊伍的杯盤掉落破碎了，就可以儘速清理，以便活動能繼續進行。此外，還出動主管擔任接待，負責場內秩序，引導來賓和參賽者各就各位。最後，則是由財務部十四位同仁擔任計分員，每組比賽一結束，八分鐘內立刻結算成績，初賽與複賽並於隨後立即公布結果。由於每組有四人參賽，同時間又有二十支隊伍出賽，算一算，同時有近百人都在焦急地等待比賽結果。王品同仁卻能有條不紊地掌握比賽進度，及時公布成績，可說是臨危不亂。無怪乎連來自各餐飲學校的教授評審們都頻頻點頭，不斷詢問：王品這是第幾次辦比賽啊？看來經驗很豐富，很有國際級的水準喔！

王品是主辦單位，所以不參賽。但是場中的精采賽事，教愛玩的王品人技癢難耐，忍不住在中場休息時耍寶起來，紛紛拿起毛巾或托盤假裝比賽，旁邊還有人不斷鼓譟：「第一名！第一名！」在第一屆王品盃時，戴董看到同仁們一副躍躍欲試的模樣，當天活動結束後便宣布：「我們也來個王品會內賽吧！」於是大家爭先恐後，玩得不亦樂乎。連總部平時根本不端盤子的資訊部、財務部同仁也被硬拉下來組隊參賽，個個端著托盤水杯，快跑一百公尺，還得注意不能跌倒，不能灑出水來，簡直被整慘了。大家從晚上七點一直玩到十點多，歡笑聲不絕於耳，加班演練及當天的辛苦疲累，幾乎全忘記了。

自我提升，積極參與國際級競賽

國內競賽或自辦活動是一種訓練，然而，參加國際競賽則是鍛鍊世界級手藝與視野的最佳機會。一直到二〇〇五年，「西堤」的幾位廚師組團參加在台北舉辦的一場國際烹飪大賽，接著又到香港拿了銅牌回來，經由他們興奮不已地心得分享，這才提醒我們：對啊，之前怎麼忽略了國際競賽這件事？

不只在創業或菜色上要去國外觀摩，透過國際廚藝競賽來吸取經驗與自我提升，也是一個很好的管道。競賽如作戰，一定要知己知彼。準備過程中的整個思維與學習，也因此放大到全球視野之上，以便符合世界級的水準。參加一次國際競賽，比得上閉門苦練三年，可說進步神速。公司因此鼓勵同仁多多參與國際競賽，並且全額補助參賽者的一切費用。

香蕉可以怎麼用？水果？蛋糕？或是甜點上的裝飾？二〇〇八年，馬來西亞廚師公會舉辦的「檳城國際廚藝爭霸賽」，來自全球七個國家、三十支隊伍，在四天的比賽裡，使出了渾身解數，爭取榮譽。王品是其中的一隊。比賽過程中，王品同仁深刻體悟到「生活習慣」，或說「飲食文化」，是如何制約了廚師的思維和做法。比如德國隊把木瓜拿來當主餐配菜，而不是餐後水果，台灣隊伍就不會這樣想了；又如主辦單位的競賽題目竟是除了主餐之外，四天都給相同的配菜食材，以便考驗廚師功力，看看在料理和擺盤上能有多少變化和創意。這真是一大挑戰。

二〇〇九年，在泰國曼谷舉行的「第一屆亞洲盃廚藝大賽」，共有十六國、五百五十支隊伍、八百多位好手參賽。王品也派出十六名主廚，分別報名五項個人賽。經過幾年的歷練，這一次王品同仁果然不負眾望，抱回了二金五銀七銅二佳作的好成績！

王品不只參加國際競賽，更有許多內部競賽。王品牛排的美廚獎，陶板屋的金廚獎，西堤則有藍帶獎等等；二〇〇九年起，更開辦不分品牌的集團廚藝培訓，這些都是國際比賽前的魔鬼訓練營，也是為了邁向國際級餐飲集團所預做的準備。

二〇〇九泰國曼谷「第一屆亞洲盃廚藝大賽」，主廚選手們聚精會神地創作色香味俱全的菜色。

提供揮灑舞台，創意無所不在

在王品集團裡，除了「王品牛排」之外，其他八個品牌的命名，都是由同仁想出的創意而定的。只要公司確定了新品牌的定位、市場區隔、主要客層，以及行銷訴求重點之後，就會將這些訊息放上內部網路，歡迎大家一同來飆創意。所有王品同仁都可以參與命名，每次幾乎都有數百個名字參選。接著由總部同仁票選出二十個，再送到中常會，經過不記名投票後，立刻開票，哪一個名字得票數最高就用哪一個，從來不需求神問卜，更從未發生「一言堂」推翻票決的情況。

「原燒」的名字就是這樣來的。為這個品牌命名的同事，當時只是個二十歲的工讀生，還沒當兵，決定採用他的命名後，我們把他請到聯合月會接受頒獎，除了頒給他「原燒之父」的尊號，還讓他一年之內可以不限次數免費享用原燒大餐，想吃就來吃，愛怎麼吃就怎麼吃。連原燒總經理在店裡看到他，都還會跟他鞠躬，謝謝他給了「原燒」這個美麗又響亮的名字。

新品牌命名之外，每年的股東會也是創意狂飆的時候，大家最愛在股東會上玩「對聯」。剛開始只是好玩，為了使股東會增多一點樂趣，戴董於是在股東會之前先出了上聯，歡迎所有同仁來挑戰下聯。經過初審入

王品人愛玩「對聯」，這是二〇〇八年的獲選及入選名單。

工作聯繫單

受文者：全體同仁　日期：2008. 03 .24
發文者：管理部　文號：管字第 9703024 號
副　本：
事　由：2008 年王品家族大會下聯入選名單
說明：

一、王品家族大會下聯已出爐囉! 由總部莊慧明同仁高票當選，恭喜! 將頒發獎金 3,000 元及獎狀一只，並邀其家人共同參加王品家族大會。今年王品家族大會對聯為：

『超物超所值創王品新世界』
『真心真服務領餐飲好口碑』

前十名如下，每名頒發 1,000 元獎金及獎狀一只。獎金將於王品家族大會時頒發，由店長代領。

二、王品家族大會下聯入選作品：

名次	單位	姓　名	股東會下聯
1	總部	莊慧明	真心真服務領餐飲好口碑
2	西堤台中中港	張昭德	創新創美味跨國際展霸業
3	總部	張靖怡	益精益求精為集團創先捷
4	王品台南南門	李昱蓁	品極品美味享無盡好時節
5	陶板屋中山北	王佳玲	越卓越品質立餐飲好口碑
6	陶板屋基隆中正	林至信	百分百感動顯差異化優越
7	王品台北南京	富元昇	霸稱霸天下領服務眾企業
8	西堤重慶南	陳宜秀	盡極盡所能造餐飲奇豪傑
9	總部	黄秋媚	嚐鮮嚐美味為人間此一絕
10	總部	王淑玲	食美食佳餚贏饕客好口碑

圍，中常會複審，最後投票選出大家最滿意的下聯，入選者全家可以免費參與該次股東會，和大家一起吃喝玩樂。因此，如果你還不具有股東身分卻想參加股東會的話，在王品，最好的方法就是努力對對聯。

初心是因為好玩，後來卻成了寓教於樂的學習的一環。王品裡的很多事都是這樣玩出名堂的。同仁們本來也不懂什麼是對聯，以為只要字數相同就好了，後來才知道不只這樣，還要押韻、要對仗、要有意義，裡頭學問多多。幾千人同時栽進去，愈研究愈厲害。有幾次甚至下聯風采遠遠超過上聯，戴董的中文學位差點不保！

創意無所不在，生活裡、工作中隨處都有，但是得常想常用才會愈磨愈亮。想要激發同仁的創意，就得塑造自然而然的環境，提供發揮創意的舞台。絕非心血來潮，突然喊一聲：「現在來開個動腦會議吧！」創意就會跑出來。老實說，光是這樣提議就很沒創意。

王品人，喜歡自己跟別人不一樣

鏡頭轉到「全國連鎖店協會傑出店長選拔」的頒獎現場，每逢這種場合，如果看到有一群人愛起鬨，又是拉布條，又是敲鑼打鼓，不時大喊：「王品我愛你！」不用懷疑，這群傢伙肯定是王品人！

青創楷模頒獎典禮上，王品人同樣能展現創意與活力！

王品同仁精力旺盛，企業文化就是「敢拚、能賺、愛玩」，所以一有機會就想玩。同事獲獎機會難得，當然想讓現場來賓都感受到王品人的創意與活力，也想讓得獎同事在榮耀的場合裡更加發光。雖然把該項典禮多年來的莊重氣氛破壞無遺，卻也為活動注入了更多的熱情和朝氣！有趣的是，王品開了先例之後，隔年起的連鎖店協會頒獎典禮上，每一家得獎者都有加油隊來表演，輸人不輸陣，就是要把握機會high翻天！據說，現在全台灣的各式頒獎典禮，最生猛有勁的就屬連鎖店傑出店長頒獎了。

同樣的情況，二〇〇六年我當選青創楷模時，王品同仁更是玩瘋了。啦啦隊陣容龐大，陶板屋所有分店店長和主廚，外加二代菁英、中常會成員，全部到齊，一共五桌五十個人。第一代獅王李森斌總經理主動擔任啦啦隊隊長，一上場就大喊：「王國雄，我愛你！」唱歌、呼

口號、愛的鼓勵、在桌上跳舞，層出不窮的花樣，把嚴肅的會場搞得群情激動，所有目光焦點都集中在我身上。那一天，我真是哭笑不得——眼淚是因為有這群可愛的同事這樣情義相挺，笑容則是因為這群同事真的讓我以王品人為榮。

雖然只是個頒獎活動，你可以選擇行禮如儀，跟著規矩走；也可以選擇做些不一樣的，那需要一點勇氣與創意。王品同仁選擇了後者，無非是想透過各種場合，展現出王品人的團隊力和榮譽感。喜歡讓自己跟別人不一樣，這就是王品人的ＤＮＡ。

不只是工作技巧的訓練，在王品，我們更重視企業文化和感動心法的教育。一個教觀念，一個教心法，如果王品不能感動自己的同仁，沒有培養出表裡如一的企業文化，卻要求同仁「對著客人要鞠躬，要微笑」，就算形式上做到了，只怕顧客也不易感動吧！

所以，下一次當你再到王品任何一家品牌去用餐時，若是忍不住發出我們最愛的「三哇」：上菜時「哇，怎麼這麼好看！」用餐時「哇，怎麼這麼好吃！」買單時「哇，怎麼這麼便宜！」你或許便可以瞭解，在這「三哇」的背後，王品同仁的每一項扎實訓練，每一分點滴累積，都是為了給顧客最好的服務。我們永遠在挑戰昨天的王品！

王品的信念花園

初心是因為好玩，後來卻成了寓教於樂的學習的一環。王品裡的很多事都是這樣玩出名堂的。

透過各種場合，展現出王品人的團隊力和榮譽感。喜歡讓自己跟別人不一樣，這就是王品人的DNA。

出國考察吃透透

為了創立「陶板屋」而到國外考察的經驗，順利幫助我們開展連鎖之路，也啟發王品經營層一些新的觀念：即使不是創新品牌，各個不同品牌也都應該每年出國考察，以學習最新的餐飲潮流，交流料理心得。這便是被稱為「進修」的年度出國取經。

哪些人去取呢？事業處負責人、經理、店長、主廚，每團少則十人，多則二、三十人，也算浩浩蕩蕩了。但若以為餐飲業考察無非就是吃喝玩樂，那可就猜錯了，因為光是事前準備，就夠忙得團團轉。

口碑、年鑑、網路三管齊下

在國外，很多「巷子內」的名店非得有人引介才有門路。這些名店，往往必須透過人脈，找對人去聯絡，才有可能登門拜訪；又或者，日本每年都會出一本餐飲年鑑，介紹年度非去不可的餐廳，這個得找出來研究；再來，就是上網搜尋，到底有哪些人氣餐飲？目前討論得正夯的店是哪些？

三方面資訊都蒐集完成後，接下來還得規劃行程，務必使此行「大碗又滿沿」，吃喝玩樂樣樣俱足。

譬如若是到日本考察，一定要去逛超市，看看他們的熟食和半加工料理，還有食材，這些東西會給人特別多的靈感。也得去喝下午茶，看看人家有哪些新品甜點或飲料。百貨商圈有什麼改變？對餐飲通路有什麼影響？有哪些好玩的、特別的地方？你看你的，我看我的，彼此再來腦力激盪，交換討論。

基本的考察行程中，一天至少吃五餐（早中晚加下午茶，晚餐往往兩攤），這般吃法，肯定有人哇哇叫，大呼吃不消！因此，領隊總會幫大家準備好日本製的「若元錠」，人手一瓶，一邊試吃，一邊吞錠。否則吃多了脹氣，還真會消化不良呢。五、六天行程就是這樣吃過來的，要說「澎湃」，可真是胃裡「洶湧澎湃」了！

夏慕尼同仁考察法國「Maison Blanche」餐廳。

參訪過程裡，不僅要吃，還要拍照做筆記；不僅拍餐廳內部，也要拍店門景觀；不僅拍餐飲實物，還希望拍到師傅本人。尤其日本餐廳的菜單大多附有圖片，或是實物櫥窗，透過櫥窗陳列，往往就能感受其色香味。有時一個不經意的畫面，就能給人許多的靈感啟發。

行前做足功課，才有機會學功夫

通常在出發前，我們便已確定要去拜訪哪些店家，也請認識的人居中安排，希望能見到老闆和主廚，跟他們聊一聊。雖說同業相忌，但因為是跨國討教，順利拜訪的成功率一般都有六成以上。

試菜之後，同仁們總會提出各種感想和疑問，為什麼是這樣？為什麼要那樣？聽到別人對自己的拿手好菜或專業事務感興趣時，老闆多半都會善意地盡力說明。對方往往也頗感驚訝，這群人到底是來吃飯還是來考試的？筆記本記得這樣密密麻麻。

出國考察次數多了，慢慢就有了經驗。為了方便大家記錄和整理心得，我們特別製作一張表格，假設一天要吃五家店，五天吃二十五家店，就把表格先準備好。表格上有固定欄目，例如店名、老闆（主廚）姓名、拜訪時間、令人感動的菜色、哪些服務是台灣沒有的、餐廳設計和裝潢有哪些特別之處，以及備註欄，讓同仁自由提寫其他的觀察或心得。

（見左頁附表）

早期沒有標準表格，同仁多半想到什麼就寫什麼，等到要撰寫報告，整理起來便非常辛苦。有了表格後，不但可以按表操課，更可協助他們思考，清楚知道考察時要注意哪些事情？檢查有沒有哪些沒看到、沒寫進

出國考察表

店名：

日期：

<table>
<tr><td>國家</td><td></td><td>城市</td><td colspan="3"></td></tr>
<tr><td>老闆</td><td></td><td rowspan="2">創立日期</td><td rowspan="2"></td><td>坪數</td><td></td></tr>
<tr><td>主廚</td><td></td><td>席位數</td><td></td></tr>
<tr><td>招牌菜</td><td colspan="5"></td></tr>
<tr><td>菜色評價</td><td colspan="5"></td></tr>
<tr><td>服務評價</td><td colspan="5"></td></tr>
<tr><td>裝潢評價</td><td colspan="5"></td></tr>
<tr><td>備註</td><td colspan="5"></td></tr>
</table>

去的東西？這也是一種系統化的訓練。

除了提問，同仁們也會像追星族般，搶著跟餐廳的老闆、主廚拍照，把他們當成Super Star。開餐廳開到有粉絲，他們一高興，什麼都講開了。記得有一年到東京，我們特地去拜訪黛安娜王妃訪問日本時，負責天皇御廚的法式料理主廚。當我們帶著雜誌登門拜訪，他一見報導，看到他的照片被登在雜誌上，既訝異又欣喜，立刻開心地跟大家合影，還滔滔不絕地談了許多，大家都為之瘋狂！

還有一年，我們拜訪一家帝王蟹和生魚片的專賣餐廳。我們又把雜誌報導帶去，文章雖是中文，但老闆一看照片就知道在講他，這下子紅到國外去了，簡直感動到不行，不但歡天喜地地招待我們許多特別菜色，還口授不少深藏不露的絕技。

因為事先做了功課，才有機會學到功夫。光是在餐廳吃吃餐點，那是學不到什麼深入東西的。

儘管在考察過程中，我們沒辦法也讓對方吃到我們的料理，但仍希望經由互動交流，將王品的瘋狂與熱情傳達給他們。更希望有一天，當對方來到王品集團任何一家店裡用餐時，透過食物，也能感受到我們對料理的十足熱愛。

法國巴黎「Le Bristol」餐廳，服務員詳細介紹各種起司。

將所學回饋分享

記得第一次的品牌進修，返回台灣的前一個晚上，時間已過了十一點鐘，當我經過飯店大廳時，竟看到許多同事正在低頭專心寫著筆記，尤其是主廚們，平時拿刀握鏟神乎其技，一拿起筆寫報告，就額頭冒汗。「都是被你陷害的啦！」他們開玩笑地抱怨。在王品，強調「即知即行」，出國考察也一樣。在出國進修的特殊空間、時間、氛圍之下，這種感受最為深刻。因此，我們特別在行程最後一天安排心得發表，每人十五分鐘，這是「小會」；等到回國之後，還得推派代表在聯合月會上報告。

聯合月會是「大會」，王品集團旗下九個品牌的店長、主廚級以上同仁，包括經營階層、董事長都要出席參加。在聯合月會上報告，當然非同小可，同仁們無不戰戰兢兢，將出國考察所看到、學到的，透過報告，分享給沒有出國的人，讓他們也能拓展視野，激發想要出國「進修」的渴望。甚至，為了使大家更有實際參與感，陶板屋內部還曾真的做出菜色來呈現心得。畢竟報告是書面口頭的，會寫會講的人，儘可說得口沫橫飛，天花亂墜；但真正做出來是什麼味道呢？吃一口你就知道！

也由於這項進修訓練，原本不擅長記錄和報告的主廚們，跟團兩三年

陶板屋同仁與日本居酒屋師傅開心合影。

後，硬是被逼出潛能。到後來，這些大廚們除了看料理、看食材、看餐具，竟然還會看服務、看出菜動線、看裝潢氣氛，觀察得頭頭是道。透過跨領域學習，只要有心，廚師也可以成為店長。這可說是王品集團整體最重要的收穫，也是企業標竿之一。

企業經營需要效率，把握當下就是創造效率。所謂「把握當下」，說穿了，不外乎用眼睛、用雙手雙腳，以及最重要的——用心去學習，創新突破，那才是「效率」的真正本質。反之，墨守成規下就算事事到位，但因缺乏學習而無法創新，最終還是免不了被淘汰的命運。

王品的信念花園

企業經營需要效率，把握當下就是創造效率。所謂「把握當下」，說穿了，不外乎用眼睛、用雙手雙腳，以及最重要的——用心去學習，創新突破，那才是「效率」的真正本質。

日行萬步，健康動起來

一個人走萬步，獨自快樂；
一百個人走萬步，分享快樂；
一萬個人走萬步，讓生活更精采；
兩千三百萬人走萬步，讓台灣動起來；
六十五億人走萬步，讓地球動起來。

這是王品集團在二〇〇九年五月，十六週年百店慶的時候所立下的宏願，希望以王品集團為出發，號召大家關心自己的健康，因此喊出「慶百店，走萬步，讓地球動起來。」

很多人問我，每日走萬步是怎麼在王品開始的？為什麼運動也要列入管理項目呢？

原因無他，就是「要健康」。

從事餐飲業，為了提升競爭力，必須四處觀摩試吃，吃得本來就比常人多；為了避開客人用餐的尖峰時間，同仁們吃飯不是太早就是太晚，早吃消化不力，晚吃不利消化，日積月累，脂肪一天天囤積起來。於是，漸漸有人身體舉白旗，發現尿酸、血糖、血脂都過高。

這算是慢性職業病，繼續做下去，總不能避免，得設法解救才行。於是大家討論，有什麼運動可以自然又持續，讓人每天都願意去做，很容易便養成習慣？最後的結論是戴董的主張——「走路」最好，最自然，最沒有負擔。只要把腳照顧好，身體自然會好。

腳是第二心臟，走路好處多多

幾千年前的醫學之父希波克拉提斯說過，「走路是人類最好的醫藥」；美國前總統艾森豪的心臟外科主治醫師保羅・懷特博士也強調，「腳是第二心臟」，鍛鍊雙腿可以預防衰老。人體有六百條肌肉，大部分集中在下半身。想想看，有哪一項運動比得上走路，既無負擔又可消耗熱量，還能在忙碌生活中隨時想做就做呢？現代人「三高」問題特別嚴重，不論是血糖、血壓還是血脂肪高，只要每天走一萬步，「三高」定會「急轉直下」，完全在控制之中。

於是，從一九九七年十月二十五日開始，集團規定：主管級幹部每天都得日行萬步，並且列入訓練考核學分之一。直到現在，十多年過去了，愈來愈多的王品人就這樣帶著計步器，天天走，愈走愈有心得。數十年如一日的堅持，讓王品集團在二〇〇八年獲得行政院衛生署國民健康局的肯定，頒發「健走計劃」第一名。

《大腦當家》（*Brain Rules*）的作者麥迪納（John Medina）說，人類的大腦是在走路運動時發展完成的。這一點我格外有體會。走路是跟自己單獨相處的最好機會，走個一大圈回來，往往在不知不覺間，苦惱之事便已有了對策。另一個好處是，走路不用等人，無需特殊裝備，一個人就可以輕鬆自在地進行。其他的運動，好比高爾夫球或網球，沒有球具，沒有球友，你就很難有動力；即使登山，還是要裝備，一個人上山也多風險。通通比不上一雙腳「凸」到底。

納入考核，全家一起邁步行

不過，職場人不習慣運動，即便是走路，還是需要鼓勵與叮嚀。為了使同仁保持健康，力行走路運動，我們特別設計了一個表格，要求同仁每天填寫步數。每個月統計一次，以總步數除以日數，日平均超過萬步，那就沒問題，ＯＫ過關；若沒超過，就要罰一千元。

為了達成「日行萬步」的目標，同仁們無不絞盡腦汁，找空檔補步數，慢慢地竟發現許多好處，不僅僅是健康，還可省錢、省時，甚至增進親子或夫妻間的情感。例如：想找停車位時，多數人都是直接開到目的地，結果常常繞了好幾圈，花更多時間去找車位；王品人則是看到停車位就停，離目的地不太遠的話，乾脆走路過去。又或者，太太要人幫忙

走路，是跟自己單獨相處的最好機會。為思緒充電，為健康加分。
（楊雅棠 攝影）

到超市買個鹽或醋，小孩想租個DVD，王品人多半搶著說：「我去，我去。」更聰明的，還會找孩子一起去，享受親子互動外，小孩看到爸媽都這樣走，有樣學樣，也就跟著喜歡走路了。很多父母出門動輒開車，不要說運動，小孩連動都不想動，等到養出胖小孩或懶小孩，再想辦法花錢解決，可就虧大了。

那麼，若是出國、生病或是腳受傷時怎麼辦？總可以暫停了吧？很抱歉，照常列入計算。就算出國也得設法日行萬步，戴董甚至在長程飛機上來回走路，差點被誤以為是劫機犯、躁鬱症患者，引起機組人員一陣虛驚。以我為例，在香港轉機不搭接駁車，直接用走的。赤鱲角機場佔地遼闊，快步走一走，不但可以讓搭機沒活動的雙腳好好動一動，眼睛也順道 Window Shopping 一番呢！

王品的信念花園

為了達成「日行萬步」的目標，同仁們無不絞盡腦汁，找空檔補步數，慢慢地竟發現許多好處，不僅僅是健康，還可省錢、省時，甚至增進親子或夫妻間的情感。

王品人有三寶：計步器、氣墊鞋與背包，讓每日萬步輕鬆快樂完成。

做個三鐵勇士

都快五個小時了，阿泰怎麼還沒上來？岸上的人焦急擔心得胃都快打結，歡樂氣氛一時間凝結住了……這是不尋常的一刻，卻也是心與心相連結的重要時刻。

二〇〇六年，王品同仁依慣例組團參加「埔里鎮四季早泳會」舉辦的「橫渡日月潭」活動，天候狀況良好，一切看來都很順利。大家在岸邊等待三、四個小時之後，竟發現還有一位同仁沒上岸。事情有點嚴重了，於是頻頻電詢主辦單位，想要搞清楚狀況，答覆卻說沿途並無異樣，如果有事，他們會馬上通知。大家只好繼續等下去，雖然口裡不說，其實都有些擔憂。終於，五個小時之後，阿泰現身了，游上岸來。看到啦啦隊同仁焦急地在岸上等候，他老兄竟還若無其事、語帶驚訝的說：「啊，你們怎麼都在這裡？」

游這麼久時間，可真是破了記錄啦！到底阿泰沿途都在做什麼，怎會耽擱這麼久呢？

原來阿泰雖然會游泳，一次卻只能游個幾十分鐘，根本沒有游一小時的實力，更別說橫渡日月潭了，才下水沒多久就有點撐不住。不過他也很識相，一覺得累了，就先爬到水上急救站休息休息再說。主辦單位在渡潭路線上，每隔一百公尺就設有一個浮箱救護站，提供飲水和補給。這

我們都是橫渡日月潭的「泳士」，彼此加油鼓勵，沒有什麼事做不到的！

位老兄每站都爬上去逛逛，喝喝飲料，休息兼「觀光」，等氣力夠了，再下水繼續游。如此這般且游且玩，自得其樂，卻渾然不知同仁們在岸邊急得像熱鍋上的螞蟻，真是敗給他了。

橫渡日月潭不久，阿泰結婚了。我受邀上台致詞說，恭喜新娘嫁給王品集團中「最有體力的男人」，日月潭那麼長的距離，他一游就游了五個小時，體力真是好到不行，「妳一定會非常幸福喔……」說畢，婚禮現場笑成一團。因為王品人都知道，他之所以游那麼久，是一站一站爬上去閒晃，休息時間比游泳時間還多呢！

這件事本來有點糗，結局卻很有趣。阿泰連著風光了好幾年，因為直到現在都沒有人能超越他的紀錄。大家看到他，總愛打趣說：「你可真是太了不起啦！」本來還有點不好意思的他，「嘿嘿嘿……」久了，竟也成了人生裡一件很開心的事。

橫渡日月潭，用汗水認識台灣

橫渡日月潭的路線，從起點水社碼頭到終點德化社，一共三千三百公尺，一般約需游兩個小時。潭水最深處有六十公尺，水波洶湧，上岸時會很冷。倘若天氣不好，根本就是「皮皮剉」。為了不讓同仁一上岸就哈啾哈啾，我們事先便安排好管理部的美女部隊幫忙拿浴巾，游完的同

下水前先暖暖身，安全課題一點都不可馬虎。

仁一上來，美女奔迎，馬上替他裹得緊緊的。別人游上岸拚命叫好冷好冷，王品人一上岸，立刻溫暖滿懷抱！

再說報名活動之後，公司內部便謹慎地展開準備工作。活動一個月前，我們會特地邀請主辦單位的人來公司講解注意事項，他們專業且親切的叮嚀，對參加的同仁幫助極大。我們希望同仁們都能瞭解，公司參與這項活動是非常認真的，相關安全課題一點也不會馬虎。有我們當後援，請儘管賣力向前游吧！

接著，王品工作人員會在活動開始前先行勘查地形，租借帳篷，在最適當的地方設立休息站。游泳壯士們一上岸便可休息，遮太陽或躲雨都好。而且每一次的活動，可愛的主管們都會自掏腰包，捐助許多補給品，桂圓粥、熱狗、飲料……泳士們一進帳篷就可大吃特吃，補充熱量。這些補給品往往多到有人忍不住大叫：「哇，剛剛好不容易游了兩小

時，這下子通通補『肥』來啦！」

此外，休息站還設有專人負責點名。每位泳士的體力、技術都不一樣，上岸時間有快有慢，確實點名是安全維護極重要的一環。畢竟，橫渡日月潭仍有點風險，一定要特別謹慎。

那麼，為什麼要參加「橫渡日月潭」呢？很多人想不通，開餐廳就開餐廳，幹嘛搞得人仰馬翻，還規定誰誰誰非去不可。有道理嗎？

我們經常想：做為一個台灣人，生在台灣，長在台灣，我們到底要用什麼方式，來認識和愛護台灣這塊土地？加上有句話說：「仁者樂山，智者樂水。」兩者相加，王品集團於是訂下了充滿健康活力的「王品三鐵」——「橫渡日月潭」、「攀登玉山」和「鐵騎貫寶島」。既有山也有水，用身體、汗水去認識台灣，還可強身健國，繼續走更遠的路。再者，藉

擺動身體，揮灑汗水，一起來認識台灣的山巒湖泊之美。

45
埔里四季早泳會

由這三項體力大考驗，磨練同仁的體能與精神戰力；沿途互相扶持，彼此加油鼓勵，更可凝聚王品人對公司的向心力。因為我們不只是工作夥伴，更是心手相連的一家人！

整個橫渡活動結束之後，董事長都會宴請所有「泳士」到涵碧樓大吃一頓。一邊享受美食，一邊遙望著自己剛剛游過的湖面，泳士們的心頭莫不激盪洶湧。不論是對他所服務的王品集團，還是他所生長的台灣土地，從此有了更深摯的感動。

馬拉松差九秒，過不過關？

後來有同事反應，他說：「橫渡日月潭不是有毅力就可以完成的挑戰，可不可以換別個呀？因為也有旱鴨子的同仁。」我們因此從善如流，添加一項馬拉松競賽。不會游泳的，就用馬拉松來取代。完成這三鐵，同樣可以獲頒「王品三鐵證書」。

我們以ＩＮＧ舉辦的馬拉松為準，全長二十一公里，限三個小時完成。ＩＮＧ馬拉松比賽辦得很細緻，參與路跑者每人手上都綁有一條晶片繩，出發時刷一下，到終點時再刷一下，參賽者的個人資料、跑了多少時間全都一清二楚，幫了我們不少忙。

「砰！」起跑槍聲響起，王品人又將向下一個紀錄挑戰。

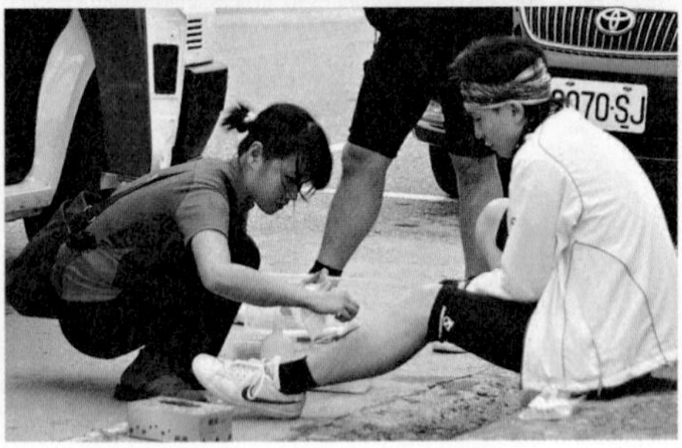

騎鐵馬。登百嶽。擁有健康的身心，才能發揮力量，才有毅力持續不斷地前進，不論面對工作還是人生，都是很大的助力。

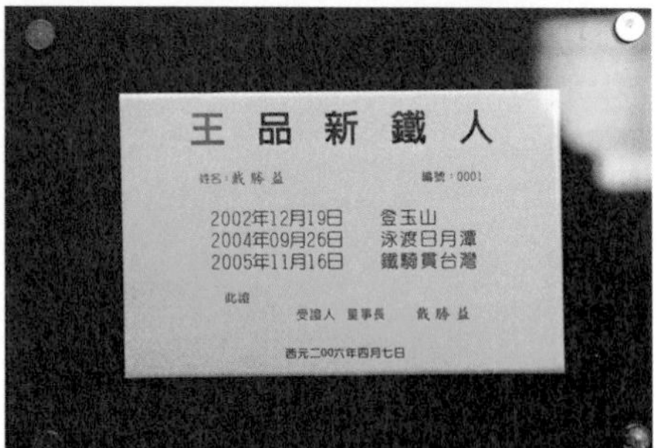
王品新鐵人
姓名：戴勝益
編號：0001
2002年12月19日　登玉山
2004年09月26日　泳渡日月潭
2005年11月16日　鐵騎貫台灣
此證
受證人 董事長　戴勝益
西元二00六年四月七日

有一次，一位工程部同事參加了馬拉松比賽，之前非常認真地練習了一段時間，當天跑了三小時零九秒。多九秒鐘，要不要通融一下？這位同事在王品已服務近二十年，登玉山、鐵騎環島都過了，只差這一項。問題是，如果下次有人只差八秒或十秒，算不算通過呢？如果定下規矩又有例外，是不是每一次都要破例討論呢？或者乾脆改成三小時十秒好了，那假若將來跑了三小時又十一秒的話，要不要通融呢？雖然實在不忍心拒絕，然而標準就是標準，不能因人而異，否則公司的紀律就模糊了。因此，雖然只差了九秒，這一項還是恕難過關。

1+1+1=9的團體意志力

完成「三鐵」，大概要花三到五年的時間，如果只靠興致和熱情，實在撐不了那麼久。但若透過公司的制度與團體的力量，推著大家向前走，不僅強化了體能，也建立了毅力和自信。更有甚者，三鐵和其他許多活動，都已成為同仁們私下聊天極佳的話題。大家碰面不會只問：「今天營業額多少？」更多的是關心彼此的健康和生活，像是「三鐵你掛幾鐵了？」「馬拉松你跑幾分鐘啊？」「上次國外旅遊你去哪一團？桂林好玩嗎？」彼此砥礪，共同成長，比一家人還像一家人。

三鐵可以治百病。透過這些活動，每個人開始有了潛移默化的改變，不

三鐵可以治百病。我們的意志力特別堅強。

論在個性上、習慣上、觀念上，不用說理，無須教條，大自然會教你，你的心也會告訴你。我們相信：擁有健康的身心，才能發揮力量，迎接挑戰，才有毅力持續不斷地前進，不論面對工作還是人生，都是很大的助力。對王品人來說，一旦決定了，就要走到底，一定要親眼看看最後的結果到底如何。

在王品集團待久了，意志力會被磨練得特別堅強。爬山、游泳、騎車可以練就個人的意志力，當碰到違紀的事情，對於王品憲法的堅持，每一次都是考驗，都會在內心裡掙扎，然後堅定，再掙扎，再堅定。長期下來，團體的意志力就變成1+1+1=9。為什麼多了三倍？因為有共同的信念，共同的革命情感，當個人想放棄或偷懶時，當經營上覺得軟弱或迷惑時，會有夥伴關心你，會有主管鼓勵你；還有，所有訊息都公布到網路上，不拚也不行啊！

王品的信念花園

藉由「王品三鐵」的考驗，磨練同仁的體能與精神戰力；沿途互相扶持，彼此加油鼓勵，更可凝聚王品人對公司的向心力。

掙扎、堅定，再掙扎、再堅定，磨練後的共同信念匯聚成力量。

三百學分：遊百國、吃百店、登百嶽

在王品集團裡，「遊百國、吃百店、登百嶽」這三百學分，是店長、主廚、區經理級以上到董事長都必修的學分。三者精神相同，就是要走出去，去體會，去觀摩，去接觸，意義卻不太一樣。

遊百國，純粹是將自己放空，去觀照體會，跟自己的內心對話，是壯遊；吃百店，出自商業動機，重點在觀摩同業的服務與菜色，看看人家的經營管理，是學習；登百嶽，是去接觸大自然，培養毅力、耐力和冒險精神，是鍛鍊。

遊百國：態度決定高度，眼界決定境界

所謂「讀萬卷書不如行萬里路」，這個從小唸到大的句子，到底有多少人能夠身體力行？尤其從學校畢業、進入職場之後，旅行往往只是用來犒賞自己的辛勞，跟團走馬看花吃吃喝喝的多，邊走邊想邊學的少。有時職場如戰場，想要請個長假旅行，更是不容易了。然而，在王品集團裡，旅行可是工作與生活的一部分，不需要理由就可以出發，若是不玩不休假，還會成為眾矢之的呢！

身為事業領導人，業績可以讓同仁搶第一，吃喝玩樂可千萬不能輸人。遊百國業績第一名的當然是戴董，他已遊歷了九十二個國家，即將破

旅行是工作與生活的一部分，不需要理由就可以出發。

百。我則努力拚業績，目前僅達陣二十四國，還有很大的努力空間。

二〇〇七年我去印度旅行，出發前蒐集了許多資料，也做了功課，可是到了當地，仍感覺到不可思議。印度人對於牛的崇敬早有耳聞，當地人稱為「聖牛」。真正到了那裡，才發現不管在車站還是馬路上，只要有牛的地方，牠都是最大的。沒人趕牛，更沒人會發脾氣，悠閒就是他們的生活主調，碰到「聖牛」，你只能等。

二〇〇四年去肯亞旅行，也是一種文化衝擊。在台灣，結婚考量的是彼此是否情投意合，是否有共同話題與喜好；在肯亞，娶新娘的標準卻是女方必須夠堅強，婚後三個月內必須獨力蓋好一棟房子，不能有其他人幫忙，如此證明自己是有用的，才能得到夫家的尊重。

類似這般深層的文化體驗，不走出去，是不容易體會的。一直待在熟悉的環境裡，慢慢地便會失去同

理心，失去感受的能力。企業經營的盲點也在這裡，日復一日，逐漸把所有事情都視為理所當然。倘使有同理心，就能理解：由於每個人成長背景不同，表現出來的行為模式一定也有其原因，若能設身處地站在對方角度思考，才有對話的可能，才能建立共識。人最難破除的是「我執」，總認為自己想的才對，別人都不對。「我執」正是服務業的關鍵罩門。

破除這一罩門的方法很多，最直接的就是走出去，換個環境，放空一切，去觀察、歸零、重新啟動。跳脫僵化的思維，就容易跳脫陷入盲點的危機。

到先進國家，我們可以學習創意，開拓視野；到開發中國家，也可自我歸零，回到人的基本面貌，學習謙卑。甚至藉由旅行，還可從交錯的時空中，體會到個別的事情都只是生命長河中的一個片段，拉遠來看，其實都不算什麼。

就像二〇〇八年的金融海嘯，規模之大，全球都受到影響，沒人料到如此嚴重。然而，若用旅遊的經驗來看，金融風暴不過是整個人類歷史過程中的一個插曲，早晚一定會過去，經濟發展不都一直這麼循環著嗎？

——態度決定高度，眼界決定境界，看得多，想得多，才會高，才能廣。海納百川，人遊百國，於是人生有了更深刻的意義。

ikki事業處到日本東京「ty-tateru yoshino」餐廳考察。

吃百店，同業取經，保持專業競爭力

若說吃百店有什麼學問，問問王品的同仁，他們一定會如數家珍地跟你分享：

一、親身體驗同業處理食材的方式，無論味道、擺盤、顏色、搭配，在五感呈現上是否有值得學習之處。譬如同仁最近吃到了以酸梅汁浸泡的西瓜，覺得超好吃，於是就有同仁動手研發，看看能否有其他搭配，設法創新。

二、觀察整體餐飲的潮流趨勢。服裝會流行，餐飲也有趨勢，多看多想，才好掌握大方向。譬如食材愈來愈注重養生，餐廳裝潢愈來愈崇尚簡約，服務愈來愈強調互動性……

三、觀察消費者嗜好的變化。為什麼他們願意花時間排隊？到底是什麼吸引他們？哪些是我們還沒想到的，哪些又是我們想到卻沒做好的？

四、接受別人服務。從經營管理的角色轉變成消費者的身分，觀察別人的服務，有什麼地方特別令自己感動。

五、標竿學習，同業互動。互相學習，互相取經。

諸如此類，只要你問及，王品的主管們一定能說個不停。在王品，沒有悶著頭工作的主管，一定要走出去跟外界接觸，讓自己保持在「食尚」

從經營管理的角色轉變成消費者的角色，接受別人的服務，有什麼地方可以令自己感動？

管理部開辦廚藝特訓班，主廚正進行同仁集訓與菜色示範，保持專業競爭力。

之前，最好還能引領並創造流行。說到底，無論哪一行業，只要與市場有隔閡，不進步就是退步。

天下文化曾經出版過《總有一天要去吃》，書中所選名店，就是從王品「吃百店」檔案資料裡精選輯成的。第一年參與吃百店的新進同仁，必須繳交作業，吃完一家填一家，再將書面報告送達中常會，說明推薦理由，之後還會刊登在教育訓練部的網頁裡，供所有同仁參考。推薦得好，自然有人附議，當然也少不了吐槽或踢館的。因此，沒有人敢隨便亂寫，要不壞了自己的品味名聲，可就不妙了。當同仁吃完百店，修畢學分，公司還會頒發「百店證書」，以示修業有成，及格通過。

吃百店未必一人獨享，有時也會集體出動，所謂「獨樂樂不如眾樂樂」，這句話用在「集體試吃」最是貼切。當事業處一起出動，那可有趣了。首先，可以用公司名義跟餐廳聯絡，說明我們是王品集團，這個月想去你們那兒用餐，如果店長或主廚有空，可不可以跟我們見個面，大家互相交流一下。好玩的是，每一次嚐鮮結束，王品同仁還在私下討論時，對方的服務人員便會愈靠愈近。接著，主管來了，老闆也來了，他們都想知道我們是如何看待他們的店，有哪些優缺點？最後，總是聚在一起交流，從品牌定位、餐飲特色、到裝潢服務等，無所不談。

過程中受惠最多的，還是王品的同仁。除了廚藝，主廚漸漸也懂得服務和經營的「眉角」；店長則從料理門外漢變成了飲饌達人。內場和外場人員，因此更能替對方著想，工作起來也就更有默契和團隊力。

登百嶽：彼此支持，鍛鍊鐵的意志力

仔細觀察喜歡爬山的人，大多靜如處子，動如脫兔。他們藉由爬山鍛鍊自己的體力、耐力和意志力，使自己更沉穩。沉穩並非無趣。事實上，喜歡爬山的人幾乎都有潛藏的冒險性格，喜歡挑戰未知，測試自己的極限。你可以想像，在一片荒野之中，在杳無人煙之境，可能會發生許多意想不到的狀況。其中天候是最難預測的因素，只要連續大雨甚至颱風突然來襲，深山中的你可是一點辦法都沒有。而面對所有的渾沌未明，最需要的就是隊友之間的彼此支持、鼓勵和互助。

這就是王品為什麼鼓勵全體同仁都要登百嶽的動心起念。尤其台灣的玉山，更是王品人必定朝聖之地。來到山上，不只眺望眼前美景，王品人還喜歡在玉山頂對天發誓，將來年的營業目標大聲說給天公聽，因為距離近一些，相信老天爺更容易聽見我們的心願，助我們一臂之力。

「三百學分」剛開始實施時，同仁們都難以置信，認為怎麼可能達成?!

然而截至目前為止，成功攀登玉山的王品同仁已有四、五百人，吃完百店的更是不計其數。如今，對王品人而言，這「三百學分」有如瓜熟蒂落，只要用心去做，早晚都可完成。於是戴董又提出了新的挑戰——「出一本書，拿一座獎，有一棟沒有貸款的房子，退休之後每年有一百萬可以花到終老，以及活到一百歲。」達成目標，便可獲頒「王品終身成就獎」。

我們希望每一位王品人都能盡情地玩味生活，累積屬於自己的精采人生，等到老年時回顧來時路，可以很自豪地說：「這一生，了無遺憾，只有滿足。」

王品的信念花園

「我執」正是服務業的關鍵罩門。破除這一罩門的方法很多，最直接的就是走出去，換個環境，放空一切，去觀察、歸零、重新啟動。跳脫僵化的思維，就容易跳脫陷入盲點的危機。

在王品，沒有悶著頭工作的主管，一定要走出去跟外界接觸，讓自己保持在「食尚」之前，最好還能引領並創造流行。說到底，無論哪一行業，只要與市場有隔閡，不進步就是退步。

我們在玉山頂對天發誓，將來年的營業目標大聲說給天公聽。

走吧，一起去挑戰富士山

攀登玉山之後，如果想再征服其他的世界高峰，我們是拍手鼓勵的。為了形成風氣，每個品牌還會依據自己的品牌精神提出規劃。好比陶板屋，標榜和風創作料理，富士山當然是首選了。

「燒印」與「拉麵」的激勵

富士山標高三七七六公尺，玉山三九五二公尺，以高度來說，玉山小勝一籌。但是富士山是火山岩，碎石很多，就像我們小時候燒完煤炭剩下的一顆顆煤渣，很容易碎裂，踩起來既費力又滑腳。所以，儘管它的高度不如玉山，卻不是那麼容易攀爬，也難怪日本人將富士山封為聖山了。

富士山不太好走，人盡皆知。為了激勵登山者努力攻頂，日本人在山路沿途規劃了「燒印」，每經過一個重要關卡，就設一個燒印處。登山客可以在登山口買一根登山杖，一路攀爬，一路燒印，每次燒印費兩百到三百日幣不等。一路烙到峰頂，那根山杖至少價值四千日幣以上呢！

像富士山這種大山，可不是隨便憑一時衝動就爬得上去的。在王品，我們有一定的步驟，循序漸進，一步一步來。首先，至少要先爬過三座台灣百嶽，做好基礎練習，才能去登玉山；玉山攻頂成功了，方才可以挑

從富士山的五合木登山口出發，一群人興高采烈地握著「登山杖」挑戰攻頂。

戰其他的高山。

有一次剛好是我帶的團，某位女店長在台灣沒爬過玉山，因她當時還沒升店長，等整支隊伍拉去爬富士山時，她已經是店長，而且堅持同行。由於訓練不足，才爬一百公尺便已呈現體力不支。不僅如此，這位女店長身高一百七十多公分，體重超過一百公斤，更慘的是，還有膝蓋關節炎。

幸好，這一切都在我們這群資深登山客的預料與掌握之中，一開始便已安排「好友團」跟在她身邊，一路打氣哈拉說笑話，陪她慢慢走；又找了一位壯碩的區經理幫她揹背包。可以想像這位大帥哥，前面一個、後面又一個登山包，說有多神勇就有多神勇。我們還準備了氧氣筒，萬一狀況不妙，馬上可以緊急救護。

爬富士山不是件容易的事，互相幫忙與鼓勵，也顯得更加重要。當你到了第一天的休息站，爬進山莊後，先行的夥伴迎面招呼，遞給你一杯熱綠茶或抹

茶，幫你盡快卸下沉重的背包，更換潮濕的外套，再給你一個熱情的擁抱，恭喜你通過層層考驗，走完了八十％的行程，怎不讓人感動涕零？

如果你以為這樣就可以攻頂，那就大錯特錯了。「好酒沉甕底」，得先睡一覺，因為明天還有最後一擊，要抵達山峰最高處的「久須志神社」才算攻頂成功，才可以回頭。

行百里路者半九十，為了鼓勵我們，導遊特別提到山頂火山口附近有一家拉麵店，已經賣到第二代和第三代了。如果我們想吃到好吃的拉麵，早上四點鐘一定得出現在店門口，否則保證吃不到！依正常行程，要走三個小時才能到山頂，算算時間，一點鐘就得出發。我們這群「夭鬼」王品人，為了人間美味，十二點半就精神奕奕地整裝待發。

攻到山頂，我們果真得第一，比日本人還早到三十分鐘。拉麵店還沒開店，但已看到店家在準備了。等等等，四點鐘終於開門，那一碗熱騰騰的拉麵果真名不虛傳，是我一生中吃過最好吃的拉麵，因為比日本人捷足先登啦！

那位一百公斤的女店長在全體夥伴連推帶拉之下，最後也順利攻頂，完成了不可能的任務。她說，如果不是跟大家一起，沒有大家力挺幫忙，自己絕不可能上得來。說完之後，掌聲更是熱烈。

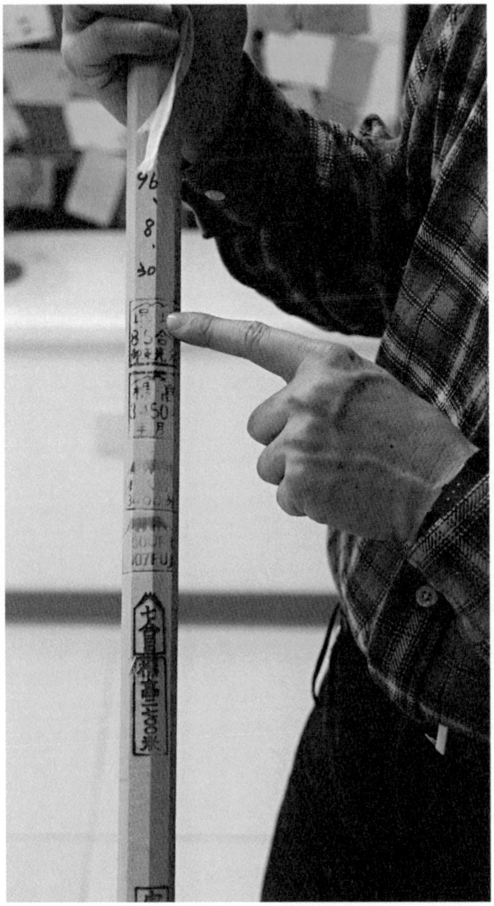

每一關「燒印」都代表一份堅持。（楊雅棠 攝影）

下山時，我們這一團引起的注目可比上山時更多了。除了隊伍裡有個「重量級」登山客外，我們幾乎人手一根登山杖，上面還烙有每一關的燒印，這可讓日本人欽佩至極。對日本人來說，你有決心敢挑戰富士山，他們就很佩服了，更何況還是全隊「滿印而歸」呢！

挑戰自我極限，一起瘋狂又何妨

回來一段時日後，女店長陸續登上玉山，也完成了鐵騎貫寶島，「王品鐵人三項」只差橫渡日月潭了。我跟她打趣說：「日月潭沒什麼好怕的，別人想浮起來，還得使盡力氣游，憑你的浮力，腳踢一踢就渡過去了，簡單啦！」

不爬不游不騎，行嗎？當然可以。只是到了今天，王品集團內已形成一股挑戰自我極限的文化，或者說是一種精神力量。不去挑戰，彷彿就有不知該怎麼混下去的感覺。因為有一群人有事沒事就會在旁邊刺激你、慫恿你，讓你怎樣都得去試它一試！就像有一次我單車環島，騎到台南時，幾乎已經不支了，我還是硬撐著去打針吃藥。醫生說，我的韌帶拉傷了，最好停下來，不然恐怕有後遺症。我跟他說不行，就算韌帶斷了，我也要騎到鵝鑾鼻燈塔！

那時，我打電話給我太太，她聽了很擔心。但她知道我的個性，只好問：「韌帶斷掉也沒關係嗎？」我說：「斷了再手術就好了。我寧可手術也不要半途而廢。」呵呵，這個公司瘋子真的很多啊……

有沒有征服富山士，其實不是重點。每一次登山，一定會有人走不動，一定會有人爬得很辛苦。重要的是，夥伴們願意把腳步放慢，相互扶持，彼此鼓舞打氣。

團結力量大，很多事情單靠個人是無法完成的，尤其是瘋狂的事，沒有夥伴更不可能做到。「今天若不是來到王品，我絕對不會去做這件事，更不可能完成這項紀錄。」這就是團隊力量的感人之處。想培養這股力量，那就牽手同心，一起去做些瘋狂的事吧！

王品的信念花園

到了今天，王品集團內已形成一股挑戰自我極限的文化，或者說是一種精神力量。因為有一群人有事沒事就會在旁邊刺激你、慫恿你，讓你怎樣都得去試它一試！

「今天若不是來到王品，我絕對不會去做這件事，更不可能完成這項紀錄。」這就是團隊力量的感人之處。

經營管理篇

簡單，就是力量

一百元禮物的代價

王品的各項業務承辦人員，每天總要面對許多廠商，互動多了，自然會產生私人情誼，這時候，分寸拿捏和行為舉止就顯得格外重要。王品集團因此有了「任何人均不得接受廠商一百元以上好處，違者唯一開除」的天條。

所謂「不得接受廠商一百元以上好處」，就是受贈的禮物必須在一百元以下，可以接受一張卡片、一朵花，但如果價值超過一百元，便萬萬不行！

「一百元天條」的三個故事

我先說說三個發生在王品集團的真實故事給你聽。

有一名同事開開心心的結了婚，隨即去度蜜月。回來後，被舉報說有廠商包了大禮給這位同事。區經理會同這位新婚同事到家裡查閱禮金簿，一查，不得了，果真包了好幾萬哪！新郎倌說：「真是對不起，我當時忙得一團亂，根本沒看禮金簿，而且結完婚就去度蜜月了，真的不是故意的。」這名主管平時表現優秀，公司陷入天人交戰，怎麼辦呢？

還有一位財務部工讀生也很優秀，工作認真，希望畢業後能轉為正職員工。她平時專門跑銀行，跟行員都很熟，大家也把她當小妹妹看。有一次到銀行辦事，正好碰到銀行員工旅遊歸來，有人送了包牛肉乾給她，讓她帶回公司請同事吃。回到公司後，大家提醒她：「誰送的？有沒有超過一百元？」工讀生不在意，認為是小東西，應該沒關係。結果主管一查，不多不少剛好一百元。違反規定了，怎麼辦呢？

另有一名組長，做事很打拚，有次店裡的石鍋拌飯更換器材，舊鍋沒再用了，他看到擺在那裡很可惜，便暗中將石鍋拿回家自用。有人知道後，打「0900家人的叮嚀」來申訴，一調查，果真有這麼回事。就是幾個碗而已，怎麼辦呢？

這三件事都送到了「中常會」審理。審核過程中，照規定一定請當事人到場說明，也請該同事的主管專案報告。最後，三個人都離職了。

有人說，真有這麼嚴重嗎？又不是故意的，也並非什麼巨大金額，不能給一次改過機會嗎？

在王品集團，就是不行！

因為成為王品家族成員的第一天起，公司就已經清清楚楚地告知「一百元天條」。任何人觸犯了，一定開除。

貫徹執行，不給特例，不做人情

不只同事不能收受超過一百元的禮物，公司也會主動告訴所有廠商，逢年過節請不要送禮，就算是年曆也不行，否則便列為拒絕往來戶。起初廠商們都很意外，不過就是打點示好，做個人情，拉攏彼此距離，怎麼生意就沒得做了？這種事，廠商以前碰都沒碰過。

站在王品的思考是，不必送禮也不要回扣，一切如實報價，很多成本就省下來了。最好的食材，最優的品質，最適合的價格，都可以直接反映在商品，而不是反映在「經手過程」上。如此，公司避開回扣省下的成本，可以販賣最好品質的商品，給予顧客最佳的服務。賺了錢，連工讀生也可以分紅，大家都高興。公司拚命杜絕回扣，絕不是要省到老闆口袋裡，大家通通都可以分享成果，這才是企業經營的正途。公平、公開、公正，再加上「分享」，如此才有意義，才能皆大歡喜。

企業文化的形成，得看每件事情發生的當下，公司有沒有辦法照章來貫徹執行，這是關鍵。倘若公司無法堅持下去，所有的規定就是假的。假使每件事都當做例外來處理，東打一個折扣，西打一個折扣，往往浪費許多時間和人力在這些特例上。而為此特例所做成的決議，恐怕也不一定能教大家口服心服。

我們的核心價值：人才與企業文化。我們的核心能力：策略擬定與利潤掌握。（楊雅棠 攝影）

王品集團 Wang Group
王國雄
我們的核心價值：人才 & 企業文
我們的核心能力：策略擬定 & 利
註：①人才是企業的版圖，人才多，企業就
②企業文化是企業的根，根紮的深，企業就
穩固長久。
③策略真言十七字：「客觀化的定位、差異化
的優越性、焦點深耕」。隨時以這十七個字
來擬定贏的策略。
④利潤掌握：以「一五一方程式」來檢視投
資報酬率。

徒有制度規章，卻不肯或不能徹底執行，那就無法建立企業文化。惟有一次次經歷如上述這般令人為難的考驗，卻依舊能堅持理念，絕不妥協，企業文化方得以一步步成形。

從另一方面來說，「一百元天條」所要維持的是「誠實廉潔」的企業文化，這是一家企業最重要的根柢。能力可以差一點，道德卻不能有絲毫瑕疵，牽涉金錢的更不能隨便。所有的錢都是辛苦錢，都是大家努力打拚的所得，少一毛都不行的。

王品強調「一家人主義」，一家人感情雖好，還是得搭配紀律與文化，如此才有競爭力。光有「一家人」而缺少紀律，因循苟且、猛做人情的結果，很快便會在競爭激烈的市場中被淘汰。

王品的信念花園

不必送禮也不要回扣，一切如實報價，很多成本就省下來了。最好的食材，最優的品質，最適合的價格，都可以直接反映在商品，而不是反映在「經手過程」上。

企業文化的形成，得看每件事情發生的當下，公司有沒有辦法照章來貫徹執行，這是關鍵。倘若公司無法堅持下去，所有的規定就是假的。

「一百元天條」所要維持的是「誠實廉潔」的企業文化，這是一家企業最重要的根柢。能力可以差一點，道德卻不能有絲毫瑕疵，牽涉金錢的更不能隨便。

家人的叮嚀

王品雖然有提案會議，任何建議與狀況都可以在會議上提出說明，但是，萬一第一線的同仁不敢直接跟主管反應，或是反應了卻沒有被採納，因而產生不平之鳴，能不能有一個抒發或申訴的管道呢？王品因此設立了「家人的叮嚀」專線。

在王品，我們絕對禁止寄發黑函；同事若要申訴，一定得親自打電話，我們才能確認這位同事確有其人。同仁可以選擇匿名或不匿名；若是匿名，事件的關注層級雖然直通人事主管、副董和董事長，但百分之九十九都不予處理。因為同事若不敢出面，我們也不會鼓勵匿名風氣，以免成了另一種形式的黑函。我們會將此申訴意見當作一個資訊看待，聽完便歸檔。除非事情似乎非常嚴重，才會再多做瞭解。

反之，當同仁選擇不匿名時，便啟動正式處理流程。首先，請同仁清楚說明要舉發的事項，接著，資料便轉交給該事業處負責人查核，若確有其事，就要立即改善。好比前述「原燒」組長的例子，便是有同仁看到這情況，他不知道缺角的鍋子可否帶回家用，因為不確定，也想試試「家人的叮嚀」是不是真的有用，就撥打了專線電話詢問。公司果真啟動調查，結果不得了，不只缺角的，連不缺角的鍋子也在該名組長家裡，經過中常會審理，立刻就被解雇了。

減法思考用人學

某天，一位朋友頗為煩惱地來找我商量，他說：「我們現在有三家餐廳，其中一家由老闆的妹妹擔任店長，她的管理能力不太好，跟同事也和不來。有時店長們一起開會，她還會對老闆出言不遜。你看該怎麼辦？」

老實說，開會時出言不遜，不只挑戰老闆的管理能力，也造成工作場合的緊張氣氛，更別提引起不良示範了。此人管理能力不佳，跟同事處不來，照道理就不應該在那個位置，但由於她是老闆的親戚，該如何處理，就得費點心思了。改派她去另一家分店當店員嗎？有哪一家店長敢管她或管得動她？問題在於，這個妹妹見到老闆哥哥的機會，可能比店長還多得多，妹妹若三不五時叨唸兩句：「今天店長如何如何……」長期下來，老闆想不受影響都很難。妹妹的觀察正確與否，誰也不知道，只因為主觀或基於看法不同的幾句話，便可能抹殺了店長的一切努力。這樣值得嗎？

「非親條款」，以人才永續經營

這就是王品憲法特別制定「非親條款」的理由。不僅僅是上述例子，在歷史上，許多朝代的走向衰亡，皇親國戚干預政事多半為其原因；更不用說在現今商業社會裡，許多「海歸派」、「太子黨」的二代經營者，一接手公司便「杯酒釋兵權」，請走老臣，搞得人心惶惶，公司也元氣大傷。傳統觀念影響所至，東方人總希望子女後代能繼承自己的衣缽，大企業這樣想，小麵館也如是。然而，這樣真的好嗎？

清代名臣林則徐有副對聯：「子孫若如我，留錢做什麼？賢而多財，則損其志；子孫不如我，留錢做什麼？愚而多財，益增其禍。」對此事說得入木三分，頗值得深思。

因此，王品企業從一開始就明定「專業經理人制」——主任級以上人員，其四等親內的親人，一律不得任用。事後若發現有親戚關係者，很抱歉，仍必須離開。再者，這些親戚也不能是集團的供應商，或是有任何的業務往來。包括財務、人事、採購的對外關係，一切透明公開，所有同仁隨時可以查核。

萬一進入王品之後，同仁才結為夫妻，怎麼辦呢？這倒不用擔心，肥水不落外人田，我們當然是同聲恭喜！只不過，還是得技術性調整一番，以減少「意外」發生。譬如，夫妻倆儘量安排在不同的店頭或行政單位，避免夫妻感情好的時候如膠似漆，吵架了就相敬如冰，氣氛太好或太壞，都可能影響到其他同仁的心情。再者，如果有一方先升到經理，另一半的最高職位就只能到店長，不能再往上升，免得將來高階會議時夫婦倆一搭一唱，影響到決策過程與結果。

無須擔心少用一個具有才能的親戚，會不會可惜了。我們堅信：只要公司本身能創造出吸引人才的環境，有了活水源頭，人才肯定會源源不絕。「非親條款」或許過於嚴苛，或許有些不近情理，但這就是王品的堅持。一開始就把事情說清楚、講明白，日後便不必在這些事務上多費心思，影響團結，大家更可以專注超然地思考公司的未來發展。

嚴禁企業內婚外情

講到「非親條款」，自然也得提一提「不得有企業內婚外情」這一條。王品會不會管太多了，連婚外情都要管？沒錯，就是得管。王品現在有五千多名同仁，互相看對眼的機率不能說沒有，尤其工作上朝夕相處，往往超過跟家人共處的時間，若無法心存警覺，管理好自己的感情，一不小心就可能給兩個家庭帶來不幸。

況且，王品最注重的就是「一家人主義」，店長、主廚以上都是股東，家庭與公司之間的互動頻繁，假使婚外情的男女兩人都是王品同仁，於私，公司要如何向兩個家庭交代呢？又若婚外情的雙方是上下屬關係，於公，又該如何讓下一層級同仁不覺自己受到不公平對待？因此，公司絕不容許婚外情，更不接受「企業內」婚外情。一旦發生，當事人自己

只要公司本身能創造出吸引人才的環境，有了活水源頭，人才肯定源源不絕。（楊雅棠 攝影）

The sun shines brighter after a shower!

得決定誰留下誰去職，一定要有一方離開；若涉及「以私害公」者，那就兩人都保不住了。

空降主管不可再挖角

企業想要茁壯，人才必不可少。自己培訓的人才當然很好，外來的人才可以激盪不同的火花，也不可少。是以人才爭奪始終是企業之間的角力戰。二〇〇三年前後，台灣各家銀行紛紛轉型為金控公司，挖角風氣盛行一時，金融主管一旦轉戰他家銀行，談妥條件後，幾乎是整批人馬跟著走。令人印象最深刻的，就屬中信金與花旗銀行的人才爭奪大戰。

為了避免造成公司經營體質重大傷害的情形發生，形成惡性競爭，王品在「龜毛家族」法條裡明文規定：「被公司挖角禮聘來的高階同仁（六職等以上，相當於店長或副理以上），禁止再向其原任公司挖角。」經過六人決策小組一致認可聘任之後，此人只能單槍匹馬上任，以免將來結黨，各擁山頭。更重要的是，如此可加速新進主管融入王品體制，「一體成形」方能長治久安。

同時，擔任事業處負責人以上職務的新進高階主管，人事部門都會和他逐一確認王品家規。例如餐廳觀摩、公務出差，都無法申領旅費。因為高階主管為當然股東，所有公出都是為了「自己的事業」有更好的發展，有發展便有分紅，何需多此一舉，申領旅費？類似這種與眾不同的企業文化，無論成文或不成文，都會讓「空降」來的高階主管瞭解並同意，否則絕不強求。也因此，在聘請高階主管時，我們都會特別謹慎，往往一談就是幾個月，定要談到「氣味相投」，大家才歡喜結緣。

不應酬，不團購，不與廠商私下交易

有一次，陶板屋中壢分店的電路突然出現狀況，馬上要營業了，店面還是黑漆漆。屋漏偏逢連夜雨，平時往來的廠商正好外出，無法及時趕來。怎麼辦呢？急得像熱鍋上螞蟻的店長找來路旁一家水電廠商應急，修理好之後，這位廠商聊起有個姪子也在王品上班。這可糟了，緊急狀況出現。

陶板屋副總經理知道此事後，二話不說，立刻自掏腰包，並將修理費用一千五百元歸還公庫，原因是「王品憲法」與「龜毛家族」有規定：「公司不得與同仁的親戚做買賣或業務往來」、「個人儘量避免與公司往來的廠商作私人交易」。這位叔叔來救援，純屬緊急下的權宜措施，可以不罰。「修理電路」這件事，也無法「退貨」。那麼，由主管自理，至少可以避免誤觸家規。聽起來有點小題大作，但要杜絕弊端，就得如此「引章據典」，龜毛到底。

又如，公司行號裡常見同事組成「愛買團」，大家結伴團購，便宜又方便。這事在王品集團裡當然也出現過，相關主管卻立刻出面道德勸說，請同仁停止團購。協力廠商知道是王品集團在訂購，或許會給予更好的優惠，這卻不是王品所樂見。萬一廠商以此接觸為起點，將來有所要求，都會造成公司的困擾。總之，防微杜漸，也要龜毛到底才行。

類似的考驗，在中國做生意時更加明顯。內地至今盛行「關係經濟」，想要做生意，幾乎都得跟相關單位交際應酬、送禮什麼的。經營團隊反覆討論之後，決定入境不隨俗，斷然不走這條路。當官的總是來來去去，宛如走馬燈，一旦開了先例，應酬便永無止境。與其花這麼多心思走旁門，不如把時間拿來研究法令規章、發票、證照、稅金等等，一切清清楚楚，規規矩矩，每一個步驟都百分之百合法，如此才不會被抓到小辮子，授人以柄。用人情來做事，不僅製造模糊空間，扶得東來西又倒，往後增生的麻煩，恐怕會多到始料未及呢！

不做交際應酬，剛開始可能會讓人覺得矯情，但長期合作下來，一定可以獲得對方的信任和尊重。生意上的來往，只須按照本分將事情做好，無須逢迎送禮，這樣的單純，反而讓彼此雙贏，省掉了很多麻煩。

細看王品，你會發現，無論在用人哲學或經營管理上，都是儘量做到減法思考。很多人把企業經營搞得太複雜了，愈複雜愈麻煩，簡單反而容易聚焦，共識也會更清楚。

王品的信念花園

只要公司本身能創造出吸引人才的環境，有了活水源頭，人才肯定會源源不絕。

細看王品，你會發現，無論在用人哲學或經營管理上，都是儘量做到減法思考。

天使的聲音

一般企業大多設有0800免費申訴電話，卻不免害怕聽到電話鈴響，因為這類電話通常都是來抱怨的。在王品，我們則認定0800是「天使的聲音」。有人付錢吃飯，還幫你找缺點，願意花時間打電話告訴你缺點在哪裡。天底下哪有這麼好的事？這不是「報佳音的天使」是什麼？請一位企管顧問來找出問題，要付的費用可不是小數目呢。

天助自助者，在天使「來電」之前，我們先給自己兩個檢查點，儘量讓天使滿意。一是顧客建議卡，一是店長的經驗和用心。

顧客建議卡——珍視意見，真誠回應

很多人都有這種經驗：到餐廳用餐，顧客建議卡大多聊備一格，不是擺在桌上，就是放在結帳櫃檯，顧客完全不清楚填寫問卷到底會不會發生作用？有沒有人看？看完之後會不會處理？多數顧客對用餐即使有些不滿意，心情多半是：「下次不來就好了，幹嘛花力氣反應，搞不好還被嫌『奧客』咧！」

在王品，不做則已，既然要做，就一定追蹤到底，誠心誠意地將這項行動當成一回事。

我們的標準流程是，當客人用過兩道餐之後，服務員會親自送來顧客建

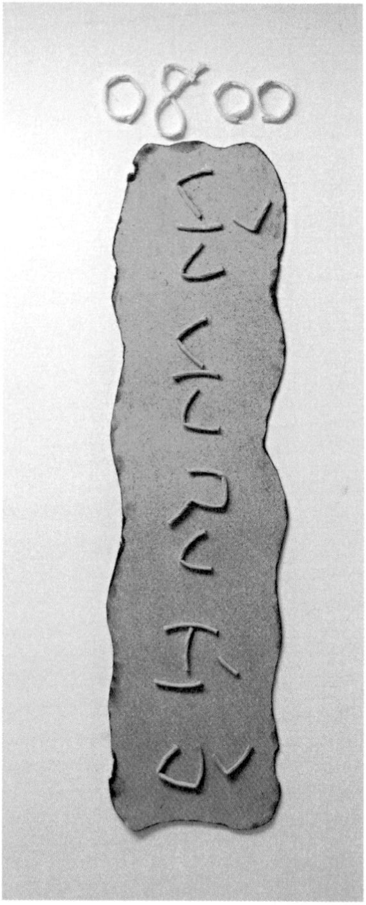

「顧客永遠是對的」，面對天使的聲音，請輕聲細語，耐心聆聽。（楊雅棠 攝影）

議卡，感謝顧客光臨，並請客人協助填寫「滿意調查表」，讓我們有機會繼續提升服務品質。

用完餐收回調查表，若發現顧客有不滿意的地方，店長會即刻打電話給客人，除了致歉，也會就該問題提出解決之道。若不方便打電話，也會發簡訊感謝客人的建議。通常，客人接到店長打來的電話時都很驚喜，覺得王品超有效率，立時就有回應，真的有聽進他的意見。有的客人還會反過來安慰店長：「沒那麼嚴重啦，只是下筆重了些，沒事沒事。」

由於「顧客滿意度」是各店績效評比很重要的一個項目，無論店長、主廚，大家都很關心好壞狀況，不必等到晚上打烊，通常中午忙過後，就急著看客人給了什麼成績。如果中午得分不佳，晚上就得加倍努力，用平均分數追回來！

以王品一年近七百五十萬來客數計算，大約可收到五百萬張回函，回應率六六%，對企業經營者來說，真是一份無價之寶！顧客願意告訴你，他到底滿不滿意，為什麼不滿意……再沒有比這更直接的市場調查了。

店長——眼明手快，隨時關心

萬一顧客真有不滿意，另一個檢查前哨，就得靠店長的明察秋毫。

當顧客有微詞時，通常現場就可發現，他的表情會告訴你一切。店長看到客人臉色不豫，若能立即趨前關心，很多狀況或抱怨都可以當下化解，甚至因為你的細心誠意，轉敗為勝。

有客人說：隔壁桌太吵了，讓我沒辦法好好享受一頓晚餐；這時店長立刻調整座位，並請同仁留意，將來安排位子時，兩人以下的顧客要跟家庭或團體聚餐者分開。也曾有人反應店外修馬路太吵，使他不舒服；店長除致歉外，還送上小禮物，希望客人心情好一些。針對這點，我們也要求同仁，日後店外若有施工，當顧客來電預約或走進餐廳準備用餐時，就要先行提醒，確認是不是還要訂位？或是改天再來？也有一次，

訓練部設計的「化蝶五部曲」課程，強化更周到的現場服務技巧。

化蝶五部曲

以顧客的期望為出發，
不同的需求，提供不同的服務。
期許超越顧客期待的貼心服務，
才能讓顧客感動。

首部曲（SOC）標準化一般服務	透過對服務人員的用語、帶位、遞送餐點、桌面擺設等的標準化訓練，讓每位顧客都能享受到一致的服務品質。	緩板、穩紮基礎
二部曲（Special Time）特殊用餐目的滿足服務	每桌顧客的用餐目的、需求不同，對於過生日的顧客，可贈送蛋糕、小點心等；對於慶祝結婚紀念日的顧客，則為其拍照並以桌卡方式製作「結婚紀念卡」，做到「不同用餐目的，不同的服務」。	慢板、妥善計劃
三部曲（PTP）個人化貼心服務	即使是同桌、點同樣餐點的客人，個別之間也會有差異，例如老人家和小孩吃的牛排要嫩一點，男女的喜好可能也不相同。	平板、詳細觀察
四部曲（MOT）關鍵時刻感動服務	除了留意不同顧客的差異性之外，即使同一位顧客，在不同時段也會有不同需求。例如，客人剛來時一定很餓，上餐速度要快；等客人吃飽了，就可以和他聊聊天。	快板、瞬間反應
五部曲（I&C）創新、創意印象嵌入服務	顧客會再度光臨與否，端視每次的體驗是否留下美好的記憶，因此除了服務之外，還要有創意，才能讓顧客印象深刻。	急板、蒐集點子

整條街突然停電，我們除了一桌桌說明，也徵詢客人是否繼續享用燭光晚餐，或是下次再來？如果下次來，當天餐費將由王品招待。

有人或許覺得，修馬路或者停電，都是不可抗力因素，關店家什麼事啊？我們的看法則是，只要客人進到王品用餐，同仁就得努力服務，讓客人盡興而歸。若有任何不愉快的感覺，不管是不是王品的問題，都要盡全力排除。這就是王品的服務。

為此，我們要求店長不負責固定業務，不能把自己當成一個人力去做實際執行面的事，而要把所有心力放在令顧客滿意這件事上，眼明手快，處理突發狀況。

根據我們所累積的經驗，顧客離開後的三十分鐘之內，若發現滿意度調查有負面意見，能立刻打電話關切，通常可以降低顧客撥打0800天使專線的機率。有些時候，人受了氣或委屈了，你愈不理他，他就愈想愈火大。因此，我們也有所謂的「黃金三十分鐘」，發現出狀況了，就要在「天使報佳音」之前，趕緊攔截，即刻化解。

謹守「三十分鐘、三天、七天」原則

倘若天使真的來報「佳音」了，標準流程也隨之啟動。首先，0800小組成員必須詳細記錄顧客所說的話，三十分鐘內將該訊息傳送給店長、區經理、事業處負責人，以及副董事長和董事長。店長必須在三天內將事情原委瞭解清楚，提出解決方案，同時打電話給客人，並登門拜訪，攜帶禮物親致歉意。接著，事業處負責人會在七天內發出致歉函。三十分鐘、三天、七天，這是王品客訴處理的完整流程，也是「顧客第一」的誠意表現。

「危機處理」告一段落之後，店長必須將該案件經過寫成結案報告，上傳電子秘書佈達給所有分店，以為參考，避免再犯。同時，總部還會將這次案例彙編到服務手冊中，好讓所有負面狀況都能轉變成正面的經驗累積。如此一來，個別的慘痛經驗，成了共同的教訓，即使沒有親身遇到，也能有所借鏡依循，整體的服務自然愈來愈強。

有人問：如果是亂告狀呢？你們都不查證嗎？關於這點，我們採取的唯一標準，就是以顧客的心情為標準。客人已經不高興了，你還打電話跟他查證，不是火上加油嗎？因此，遇到顧客申訴，所有王品同仁都知道——「客戶永遠是對的」，只能要求自己改進再改進，找出可以做得更好的方法。至於「天使」，那是不用也不能懷疑的！

「一點五」的客訴標準

以王品每家店每月平均七千人次的用餐數，要做到一個抱怨也沒有，真是非常不容易。因此，只要哪家店在一個月內沒有任何一通「天使之音」響起，董事長就會發給該店一萬元獎金。由於集團上下的重視與努力，目前王品在台灣的九十四家分店中，大約有四分之一拿到這項獎勵。

另一方面，滿意度調查數據得限時輸入電腦，透過內部系統，各事業處負責人都可以看到所有分店的滿意度排名。哪一家滿意度最高，哪一家最低？各區域的消費狀況如何？北部和中南部的消費特性有無不同？顧客屬性如何？哪一類型的顧客來店較多？來店消費目的是洽公還是慶生？……以上種種都可以在資料裡讀到，對於改善服務和提升滿意度是最佳利器。另外，有關商情的分析研判，也有極大幫助。

王品對客訴的標準是：一家分店，僅能有一點五通天使來電。只要看到滿意度調查分析有異狀，或是一個月超過兩通「天使之音」，事業處負責人便會立刻打電話詢問店長。有的店長可以完全掌握狀況，說明得很清楚，也有怎麼問都講不明白的店長。店長無法清楚說明，表示他的管理有問題，主管此時會特別注意，持續關心。萬一情況沒改善，該店滿意度始終不佳，就會進入輔導程序，調店觀摩。萬一還是沒辦法進步，只好請區經理駐店，或是換店長了。

當然，也曾發生過同仁為了爭取較好的滿意度排名，或是為了達到規定的滿意度，而造假的情形。一旦發現資料有異狀，建檔同仁會立即向上報告，層級可高達董事長、副董，以及事業處負責人。相關主管先到總公司查看這些資料，確認之後，便由事業處的經理查核涉嫌同仁當日行程，好比有無出差、有無當班，若一切符合，隨即約談當事人。通常曉以大義之後，同仁多會坦承，而且多是因為求好心切，才導致鑄錯。雖然如此，還是得懲戒。主管必須將事情原委與懲處建議移送「中常會」，同時讓當事人到會報告。如果有冤屈，還有澄清機會，否則就是兩支大過；萬一再發生同樣情況，那就彼此緣盡，分手再見了。

懲處，永遠要比獎勵更謹慎

僅僅是一張偽卡而已，為何要如此慎重，甚至搞得有些雞飛狗跳？有人認為：事情講清楚，告誡一番就可以了，應該給同仁一個自新機會；也有人覺得：不過就是一家分店裡一個人的問題，還要送交中常會，還要佔用高階主管這麼多時間，由稽核單位處理不就好了。但我們不是這樣想的。

懲處，永遠要比獎勵更謹慎才行，尤其是對「家人」的懲處。

有些公司「賞」的時候公開，「罰」卻選擇私底下進行，特別是中國人常抱有這種想法，總覺得倘若公開處罰，會讓人沒面子。問題是，私下進行懲處，就失去了「教育」的效果，企業的紀律與標準就無從建立起。公開之後，大家都看到也學到這個實例，更減低了再犯的機率。有人說，是不是應該「揚善公堂，規過於私室」？我認為，除非是私事才需要「規過於私室」，如果是公事，為什麼不在「公堂」上講清楚呢？

對經營階層來說，經由每一次的事件，教大家有機會去思索、去碰撞，再次確立企業的價值觀與文化，什麼可以做、什麼不可以做，什麼事該鼓勵、什麼事一定要禁止。最後累積出來的東西，才會形成共同的資產。這項資產，不是出自老闆的個人意志，而是整個團隊的共識。如此一來，影響力就非常大。如果只是寫在工作手冊裡，或是新人訓練時照本宣科一番，大家很快就忘記了；惟有謹慎落實，貫徹到底，透過一次又一次的實踐，才會讓所有同仁理解，大家所共同在意的是什麼？又是為什麼？——企業文化就是如此累積與打造出來的。

在王品，我們認定0800是「天使的聲音」。有人付錢吃飯，還幫你找缺點，願意花時間打電話告訴你缺點在哪裡，天底下哪有這麼好的事？

店長看到客人臉色不豫，若能立即趨前關心，很多狀況或抱怨都可以當下化解，甚至因為你的細心誠意，轉敗為勝。

只要客人進到王品用餐，同仁就得努力服務，讓客人盡興而歸。若有任何不愉快的感覺，不管是不是王品的問題，都要盡全力排除。這就是王品的服務。

私下進行懲處，就失去了「教育」的效果，企業的紀律與標準就無從建立起。公開之後，大家都看到也學到這個實例，更減低了再犯的機率。

經營階層的自我管理

企業是一種組織，有組織就有權力；而權力的行使，往往集中在少數人身上。這些人，稱為經營階層或管理階層。

由於經營管理的必要，他們掌握了相對大的權力。這些權力像水一樣，可以載舟，也可以覆舟，甚而「權力使人腐化，絕對的權力使人絕對的腐化」。因此，如何制衡權力，便成了一門大學問。透過制度將權力分散，固然重要；更重要的，恐怕還是手握權力之人，能有足夠的自覺，進而有效的自律，也就是「自我管理」。

不申報開銷，形成節約好風氣

目前的王品，是一家擁有九個品牌、一百二十二家分店（台灣九十四，大陸二十八）、五千三百名同仁、年營業額為新台幣五十三億的餐飲集團，其經營，集中在二十二名中常委身上。雖說是集體領導，但個別權力之大，可想而知。然而十多年來，卻不曾見過爭權奪利、結黨營私的醜陋場面。除了歸根於制度面的設計，最重要的是──管理階層潔身自愛的自律精神。下面這兩句話，正是大家的共同信仰：「企業的規模，取決於老闆的氣度；企業的長久，取決於老闆的品德。」

以戴董來說，董事長專用辦公室化身為會議室，歡迎同仁隨時進來使用；每個月薪水直接匯入「戴勝益同仁安心基金」；同仁生日送花，所有紅白帖，全部自掏腰包；出差洽公，不管到國內國外，全數自費。在每月列出的高階主管支出一覽表上，董事長總是掛零。風行草偃之下，公司很早就實施事業處負責人以上同仁不申報開銷。無論是年吃百店，國內外出差考察，交通費或公關宴客，通通從自己口袋裡掏錢支付。

為何要這麼做呢？因為人一旦擁有權力之後，只要有心，變成「肥貓主管」的機會實在太多太容易了。這時，無論公司如何要求控制成本，三令五申，都不如要求主管自己出錢成效最大。

會不會不盡情理啊？其實沒問題的。這些事業處負責人同時也是股東，更正確的說，他們就是該品牌的老闆，薪水加上分紅，擁有令人羨慕的所得，而這些未申報的公務支出，只是每月分紅的一小部分。因為每月即時回饋分紅的機制，經營階層可以「大方」忽略這些「小錢」，轉而全神貫注在怎樣才能有更好的業績、更多的分紅。另一方面，對全體同仁來說，卻是意義重大。一來，主管不申報費用，等於將利潤回饋給同仁，大家可以分享更多獲利；二來，同仁們看到高階主管這麼用心地節省開支，上行下效，於是也養成節約的習慣。

把演講收入用做公益

曾看過太多企業由盛轉衰的關鍵，乃因經營階層醉心於外務，迷失在外面的掌聲與讚美中，無法將百分之百的心力放在公司經營上。漸漸的，公司文化變了，個人也一天天走上岔路。

有鑑於此，王品集團對於外部的演講邀約也有所規範。經營階層也認同：演講是企業宣傳的好機會，卻不能多到影響工作。為了避免主客易位，搞到最後竟以為自己是名嘴，公司內部明定每個人每個月最多只能有兩場演講。一來讓個人有節制的指標，二來也是對外的最佳擋箭牌，因為是「公司規定」嘛！

其次，大家都有個共識：受邀演講，絕不是因為自己多厲害，而是因為企業光環、品牌形象，以及「機構價值」的庇蔭。既然如此，演講收入便不宜放入自己口袋，但也不應歸給公司。怎麼辦呢？就用做公益，捐到兒童福利聯盟去。以王品「中常會」成員的演講數計算，一年至少有兩百場邀約，若一場演講費五千元，一年可以捐到一百萬元。演講單位如贈送禮物，刻了名字的獎牌就只能收下，沒刻名字的禮物就轉給管理部，當作年終尾牙的禮品。

以我來說，每個月的演講邀約經常超過兩場，這時候，我會建議對方不

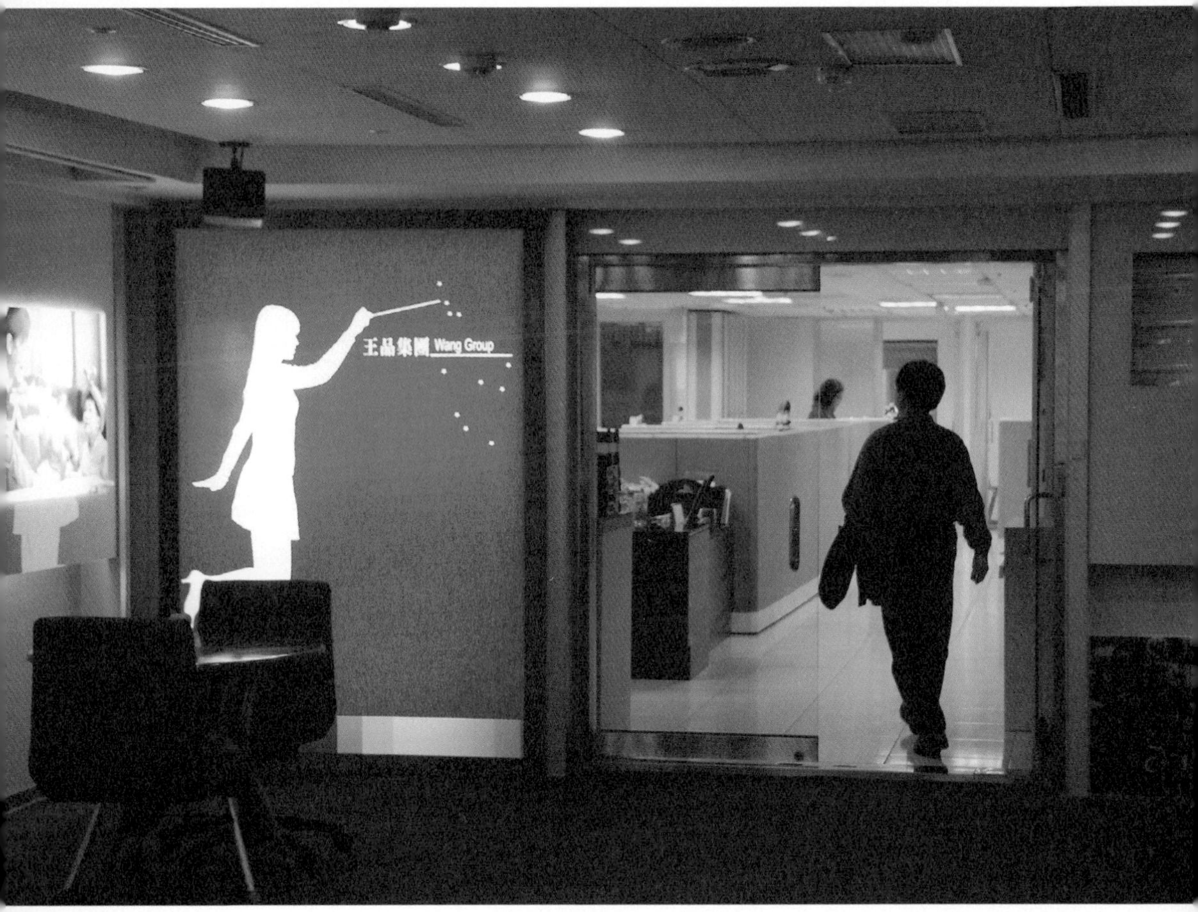

王品一直以來追求的是務實精神。居上位者有自覺、能自律，從自己本身做起，才能形成風氣。（楊雅棠 攝影）

妨邀請王品中常會的其他主管，如此既不失禮，也讓整個團隊都有了歷練的機會。好比財務部主管，財管能力超強，卻因對內事務居多，外部邀約自然少。我便藉此機會推薦給邀約者，讓他們也聽聽王品的財務管理之道。

演講，同時是一種學習的機會。每次對外分享後，收穫最大的總是自己。因為每一次的分享，都是一個新的檢查點：剛才所說的，自己到底做到多少？如果講來講去都是相同內容，是不是公司制度上已經沒什麼好講的？是不是退步了？是不是應該在服務上、餐飲內容上再升級、再創新？從分享、反思到行動，許多新的創意就這樣又被激發出來。

不開名車，減少競逐心態

早前，集團內有位副總，由於分紅制度收入不錯，就買了輛「賓士」；接著又有一位店長，因為分店位置好，經營得宜，收入當然就好，也買了輛「賓士」。每次聚會時，兩人開著名車出現，各家店長那種欣羨的眼光，使我們意識到這個問題不簡單。

於是在中常會裡，我們便將這個問題拿出來討論。依照王品的分紅制度，大小股東都有機會買名車，長此以往，會不會容易形成競爭心態，使大家迷失在名利之中？你開賓士，我開ＢＭＷ，他開凱迪拉克，這跟王品一直以來追求的務實精神恐怕已背道而馳。也因此，經過中常會討論後，大家訂定了一個「一百萬元以內」的購車上限（一百萬元保證買不到雙B），而先前買名車的那兩位同仁，遂成為公司「唯二」的兩部賓士車主，經常被「虧」之下，自己也覺得格格不入，很快就把車換掉了。

一直到二〇〇六年，由於休旅車的風行，公司基於「家庭」與「安全」的考量，才將一百萬元上限改為一百五十萬元。曾經有一位我們所看重，也幾乎將他延聘入集團的高階人才，卻由於認為「賺錢就是為了花，錦衣夜行實在沒意思」，而無法接受這一「購車上限」，幾經溝通，最後還是沒談成。這件事雖然可惜，但公司還是堅持「自律」文化，對於集團的長遠發展有其必要性，更可帶來正面效益。

不崇尚名牌，提升心靈的滿足

很多人都聽過王品「龜毛家族」這兩條規定：「不崇尚名貴品牌」、「辦公室夠用就好，不求豪華派頭」。原因來自於戴董親身經歷的「許媽媽事件」。

許媽媽是王品牛排的洗碗工，年紀不小了，卻因家庭負擔沉重，每天從早做到晚。除了洗碗，還得做資源回收，貼補家用。有一天晚上，在洗了四個小時的碗之後，她仍繼續工作，為了撿拾一隻掉落在馬路上的寶特瓶，竟被汽車給撞倒了。「我只要想到，自己一個月花十五萬元坐黑頭轎車，許媽媽一天賺四百塊，還要撿紙箱、寶特瓶維生，我心裡就難過到想哭。還說什麼王品人就是一家人？」從此以後，戴董不開名車，不穿名牌，退出往來社團，不再交際應酬。

戴董的改變，也影響了王品的企業文化。除了明文規定「不崇尚名貴品牌」，「購車總價不超出一百五十萬元」等等，公司所鼓勵倡導的活動，也是像游泳、爬山、走路、騎單車等「花錢不多，歡樂不少」的全民健康運動。

我們希望同仁間彼此較量的是，每月是不是有看書，辦讀書會？每季是不是有欣賞藝術表演？每年是不是有參觀國際級的藝術展覽？好比米勒畫展、梵谷畫展、皮克斯動畫展、雲門舞集演出，或極限震撼等等。追求心靈的滿足，比外在的名車華服都重要得多。只有降低物質慾望，精神層次才有機會提升，是為「知足經濟」。

這一切說到底，還是得居上位者有自覺、能自律，從自己本身做起，才能形成風氣。否則，一面對同仁談「知足」，一面卻拚命「揮霍」，到頭來還是一場空，無法產生任何效果。

王品的信念花園

王品人的共同信仰：「企業的規模，取決於老闆的氣度；企業的長久，取決於老闆的品德。」

透過制度將權力分散，固然重要；更重要的，恐怕還是手握權力之人，能有足夠的自覺，進而有效的自律，也就是「自我管理」。

核心動力中常會

九點二十八分、九點二十九分，接著進入秒數倒數……只見戴董衝衝衝，一腳踏入會議室說：「哈，我準時到了唷！」「很抱歉，董事長，九點三十分您還有一隻腳在門外，仍要交一百元。」

這就是王品集團開會時所用的必殺絕技——遲到罰錢。天子犯法一概與庶民同罪，中常會議遲到，一分鐘罰一百元；會議中發言逾時，一分鐘罰一百元，聯合月會外加拔除麥克風，讓你聲嘶力竭盡快做結語。

罰錢所提醒的責任感，使王品人練就了守時的好習慣。不論開會或約會，王品人都會早到，只有菜鳥才可能遲到。

每週一次中常會，見面凝聚向心力

台灣的中小企業，甚至大企業，多半屬於家族事業，第一代創辦人都很優秀，靠個人的意志與才幹，強勢領導，造就「開國氣象」。然而，「強人」一出現，其他同事就慢慢成了平民，甚至傭兵，因為整個組織只容許一個人思考，一個人做決策。這種領導方式的好處是決策快速，但反過來說，則可能因為快速而不夠周延。尤其當強人倒下之際，接班人若無同樣的堅強意志與領導才華，企業很可能就此走下坡。

為了避免「強人體制」與「一言堂」的弊病，王品集團從創辦之初，便確立了集體領導模式。凡事集體決策，運用眾人的智慧，凝聚團隊的力量，因此產生一個靈魂單位——「中常會」。

我們決定，無論如何忙碌，經營階層每週一定要集會一天，這天便稱為「中常會」。經由面對面的溝通，建立「共識決」，一起討論，一同決策；一起學習，一同成長。十六年來，從未間斷。可以說，「中常會」就是王品集團的經營核心，在這裡建立共識，形成企業文化；在這裡討論經營方針，籌劃發展願景；在這裡集體決策，共同學習成長。

目前來自全台各地、為數二十二名的「中常委」，每週五都群聚位於台中的總部，召開中常會，並與大陸做視訊連線。會議時間從早上九點半一直開到至少下午七點，以「勞師動眾」四個字形容，當真一點都不為過。有人好奇：現在手機、電郵、網路視訊如此方便，有必要非得親自面對面開會嗎？高階主管的時間成本那麼高，花費一整天時間，划算嗎？

答案是肯定的。見面，是一個非常重要的過程。俗話說得好：「見面三分情。」有情，才能凝聚向心力。面對面的溝通，看得到臉部表情、肢體動作，更充分也更即時。大家毫無顧忌地暢所欲言，彼此的默契與共識就會愈來愈高。

王品之師，終身為師

例行的中常會，一般都從長達三個小時的演講開始。趁著一大早大家腦筋最清楚、吸收力最強之時，請來各個領域的卓越人士到會演說，是為「王品之師」。不論是學界、政界、醫藥、科技、製造、時尚、文化……只要是傑出有創意的，都是王品人請益的對象。

為了邀請這些頂尖人物，企業關係部必須動用兩三個人力，每週發出演講邀約。有很快就答應的，也有邀了六年方才敲定的。這六年裡，我們每個月都會詢問一次，遇到對方生日則不忘送花、送卡片，過年再送禮。如此這般持續了六年七十二次的邀請之後，對方終於被我們感動，答應來指導我們。而對於那些曾與我們分享見解的三百多位「王品之師」，秉持「一日為師，終身為師」的理念，我們仍持續問候，重要節日、生日時都寄上卡片；過年時，戴董更會送上精挑細選的禮物，感謝所有老師的無私分享。

「王品之師」吳念真來到中常會，分享個人人生體驗與成功之道。

有些公司聽到「王品之師」的構想，都很想學習，等到實際瞭解我們的做法之後，多半覺得太不可思議了。怎麼可能為了一個看不見立即效益的演講，動用到兩三個人力，還持續追蹤問候？這項投資實在太大了！

然而我們相信：公司要成長，不能只靠機制，只看眼前利益。經營者必須持續吸收新知，與時俱進，公司才會產生汩汩不息的能量，永續向前行。王品之師就是最直接的「醍醐灌頂」。

專案會議，鼓動終身學習

聽完演講，下午就是精采刺激的專案會議時間。內容則包括「書面中常會」、「討論中常會」和「提案中常會」。

書面中常會，顧名思義，就是請每個人寫下這個月的工作報告與心得想法。什麼都可以寫，從歐巴馬當選的影響、兩岸關係的變化、爬玉山的妙招，或是經營過程裡令人感動的事，好事壞事，都歡迎提出。大家上山下海，天上地下，無所不聊，一方面交換情報，一方面掌握別人眼中所看到的世界變化。

討論中常會，由中常委提案，向大家報告他的新構想，這是比較「正經」的。比方曾有人提案，「透過部落格行銷，讓王品進入Web 2.0時

王品集團組織系統圖

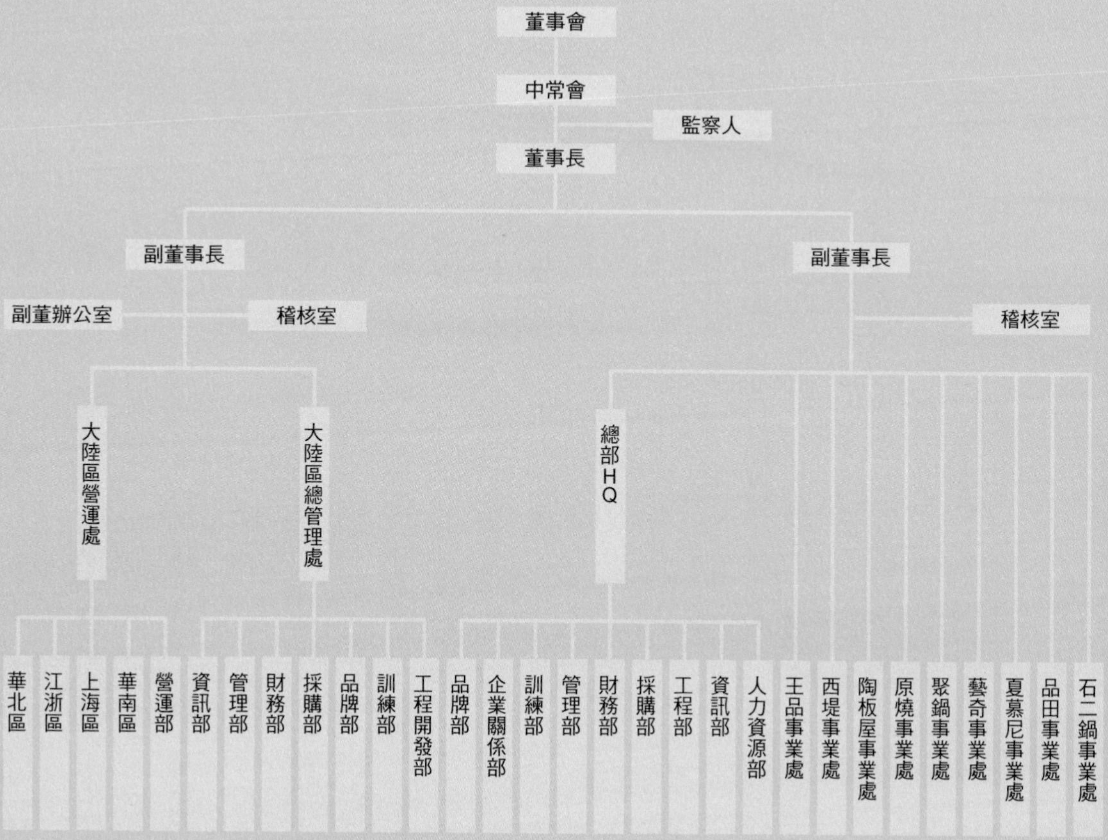
董事會
中常會
監察人
董事長
副董事長
副董事長
副董辦公室
稽核室
稽核室
大陸區營運處
大陸區總管理處
總部HQ
華北區
江浙區
上海區
華南區
營運部
資訊部
管理部
財務部
採購部
品牌部
訓練部
工程開發部
品牌部
企業關係部
訓練部
管理部
財務部
採購部
工程部
資訊部
人力資源部
王品事業處
西堤事業處
陶板屋事業處
原燒事業處
聚鍋事業處
藝奇事業處
夏慕尼事業處
品田事業處
石二鍋事業處

代」；也有人提出，「運用現有優勢發展國際加盟，拓展王品規模」等等。報告人先提出自己的想法，其他人再發表意見。最後，案子可能通過也可能不通過，卻往往產生新的修正想法，將大家的視野放寬到更廣闊的地方去。

提案中常會，則動員全公司的力量，先由店長、主廚整合店內意見——一家店一個建議，九十四家分店，一個月就有九十四個建議——再送到北中南各區會議裡討論，之後是二代菁英會，最後才是中常會。為什麼要如此大費周章？一來，為了訓練同事的開創度和觀察力；二來，要讓同事知道，公司非常重視他們的提議。如果關注的層級不夠高，不能認真對待，慢慢便會流於形式，原來的美意變成包袱，更失去同事對經營層的信心。

有時乍看之下，覺得某個建議似乎沒什麼，一旦仔細去探討，卻發現言之有理。到了年終尾牙時，我們還會頒發獎狀，包括提案最多獎、被採納最多獎。也因為這個提案會議，每年約有一百八十個好的改善建議被實行。這百分之十的比例，正是驅使王品不斷進步的成長原動力。

很多企業都強調學習的重要，鼓勵員工終身學習。但是，光是強調，不足以成事，還必須有一整套的規劃與執行措施，將學習融入企業的日常事務當中，讓學習成為時時刻刻、上上下下都在做的一件事。如此，所花費的人力、物力、財力當然很龐大，但就長遠來看，卻絕對值得。

「中常會」之所以成為王品集團的靈魂核心，更是引擎動力，與其說是集體決策的形式，不如說是終身學習的本質吧！

王品的信念花園

為了避免「強人體制」與「一言堂」的弊病，王品集團從創辦之初，便確立了集體領導模式。凡事集體決策，運用眾人的智慧，凝聚團隊的力量。

公司要成長，不能只靠機制，只看眼前利益。經營者必須持續吸收新知，與時俱進，公司才會產生汩汩不息的能量，永續向前行。

動員全公司的提案會議，每年約有一百八十個好的改善建議被實行。這百分之十的比例，正是驅使王品不斷進步的成長原動力。

很多企業都鼓勵員工終身學習，但光是強調，不足以成事，必須有一整套的規劃與執行措施，將學習融入企業的日常事務當中，讓學習成為時時刻刻、上上下下都在做的一件事。

目標管理，極簡藝術

管理是一門藝術，藝術可以很繁複，也可以極簡。就目標管理而言，王品集團所相信的是簡單，簡潔單純。簡潔使大家容易懂，才可齊心；單純使大家不容易分心，才好凝聚。換言之，簡單才有力量，有了力量才可向前邁進。

除了創業初期曾經短暫嘗試過多角經營之外，王品集團便即專心一致，聚焦餐飲本業，不盲目擴店，不購買不動產，也不操弄財務槓桿，業外投資更是敬謝不敏。還制訂了「龜毛家族」條款來約束經營者，將我們最拿手的事，全神貫注做到最好的地步。有人會說：這未免太保守了。但衡諸二〇〇八年全球金融海嘯，國內外景氣一片愁雲慘霧之時，王品集團卻還有將近百分之八的成長，這種簡單的力量，也就顯露無遺。

王品有多少錢做多少事，一切靠自己。不貸款，不涉入政治，不應酬黨政關係，所以不管時局如何變化（金融海嘯、政黨輪替、兩岸往來），都不曾對王品產生太大影響。王品的經營焦點，對外，眼裡只有顧客；對內，就是做好經營者份內該做的事。按照既定目標去管理組織，執行業務。

七大指標檢視店鋪經營

管理需要有目標和指標，目標是「想要達成的」，指標則是「需要達成的」。王品的管理指標依照各單位的定位，權責分明，有評估店鋪的、有評估事業處的、有評估行政人員的，有追蹤、有前瞻，透過內部網路系統的建立，以及各種表格與活動的設計，讓整個集團齊步向前。這也是朝向海內外發展，挑戰集團一萬家分店的基礎。

店頭經營是否出色，七大指標見真章：

一、萬人通數：即「0800天使來電」數量，除以每萬人客數。

二、不當比率：食材、人事及其他支出金額，超出標準比率的部分。

三、營業額達成率：實際營業額除以預算營業額，所得比率即為達成率。

四、稽核評比：每月稽核室至各店的稽核成績與排名。

五、食安評比：食安小組至各店稽核食品安全，以及各店TQM（Total Quality Management）的成績。

六、低離職率：最高上限三%，店長要照顧好同仁，減低離職現象。

七、工作計畫評核：總部規定各店應執行事項的達成率。

五個招式見獅王功力

對獅王的考核，就是對事業處的考核，五個招式一攤出來，就知有沒有。

第一式：比最高營業額。比比看九個品牌中誰的營業額最高？不見得分店家數多、品牌建立得早，營業額就會高。比事業處的總體絕對值，而不是比平均單店的業績，這樣的挑戰才夠力！

第二式：比0800天使來電萬人通數誰最少。獲利當然重要，但品質更重要。這時候就得比顧客滿意度了，這永遠是王品最關心的焦點。

第三式：比獲利率。依照損益表結算出來的獲利，除以營收，得到獲利率，看哪個品牌擁有最高獲利率。未達集團標準的品牌也要自我鞭策努力。

第四式：比投資報酬率。獲利率高不見得投資報酬率就高，有可能因為資產週轉率不夠，投資報酬率就不佳。反之，投資報酬率高，代表該事業處越能替股東賺錢，股東權益報酬率當然也高。

第五式：比分紅。分紅是獅王對該事業處的同仁和股東，最實際的經營能力的展現。有可能獲利很高，但分紅不多，因為每個事業處都有固定

二〇〇一年，「醒獅計
畫」正式啟動，成為王
品發展的最重要關鍵，
公司上下充滿創業氣
息。

的提撥金額必須先扣除，例如初創店的投資成本二分之一扣除後才能分紅。能實際入袋的才是關鍵。

每個月約有兩百位店長、主廚以上的主管參加聯合月會。在月會上，我都會公開報告「獅子會」的結果，以簡報檔一個事業處一個事業處來檢視，說明這五項指標表現如何。有待加強的，當場便精神喊話：「某某單位，上個月排名第二，這個月掉了兩名啦，要加油喔！請獅王跟大家報告一下，下個月要努力衝上第幾名？」

年度有策略規劃，每季有三一Q檢討

策略規劃會議是為了五年發展而設計的，透過腦力激盪模式，從垂直鏈整合、通路發展、產品延伸三方面，運用SWOT分析，找出五年的發展計畫，以及三年的具體執行計畫，由獅王自己報告，公開發表。一來是宣示與承諾，說了就要做到；二來互相觀摩，瞭解其他事業處的計畫，回頭想想自己事業處的策略是否有調整的必要？是否有合縱連橫之可能？一般而言，經過策略規劃之後，集團內的既有資源可以整合得更好。有了策略目標，執行細節就容易訂定了。

三一Q（三年計畫、一年實施方法、預算每季〔Q〕）檢討指的是按季追蹤檢核。為了保證前一年訂下的季計畫都能確切落實，前進方向無誤，進度也沒落後，就得追蹤考核。「計畫計畫，桌上畫畫，牆上掛掛」，這是機關組織常見的通病。既然要做計畫，就得貫徹到底，並且嚴格追蹤執行成果。

例如，有獅王開口：「好，明年我要去百貨公司開店！」總部這邊就會按季追蹤獅王的進度，開始找百貨公司的點了嗎？有哪些點？談了沒？條件怎樣？私人企業不是民意機關，獅王絕無「言論免責權」，說了就要「算」，「算」就要去做！

香檳 GoGoGo，總部 GoGoGo

總部是行政幕僚單位，沒有營業數字或0800可以檢驗。在許多企業裡，行政幕僚單位通常都是配合單位，正常上下班，沒什麼壓力，當然，升遷加薪也不容易。但在王品集團，可沒有這種單位，每一個單位都有其積極作用，尤其在發展連鎖經營的系統裡，行政幕僚單位更是重要，我稱之為「總部」。

我把「總部」所轄九部一室共十個單位，定位為「策略的總部」。每一個單位都必須自我期許為集團的火車頭，要能提前規劃相關業務，要有能力前瞻未來發展。每一個部門都要主動協助各事業處，從降低成本、拉抬營業額、提升服務品質，一直到策劃行銷活動，不用等事業處開口，就能主動關心，積極協調。

通常，事業處若是業績下滑，第一個想到的，就是找「品牌部」來幫忙提高業績；如果成本太高，需要 cost down，立刻就想到「採購部」。彼此溝通，集思廣益，解決難題。除了這些服務，總部另一個重要任務，就是做內控稽核管理，以確保公司沒有異常營運狀況。

總部雖是幕僚單位，但只要事業處賺錢，一樣能享受「海豚哲學」的分紅。由於是以九個品牌的平均數來計算分紅，任何一個品牌營運不佳，都會影響到總部分紅，因此，品牌無大小之分，每一個品牌都會得到最好的照料。事業處的成功，也就是總部的成功。透過這個機制，將總部與各事業處緊密地連結在一起，患難與共，悲喜共嚐。

那麼，非數字管理的行政單位怎麼做評估？它們一樣有年度策略規劃，要接受「三一Q」檢討，每一季要寫出一到二件下一季的新目標，審核通過了就貼在部門牆壁上。理由相同，公開地宣告與承諾，讓每一位同仁都知道這一季的部門目標是什麼，一定得努力達成才行。

為了激勵總部同仁，公司設計了一個「香檳 GoGoGo」活動。在二〇

部門目標達成了，甜滋滋如同香檳的滋味。

○七與二○○八年每季舉辦一次，邀請樂團來演唱，達成目標的單位可以點歌：「首先請某某部點歌，他們達成了某某目標，恭喜恭喜！」另一邊也會宣布：「某某部本季目標沒達成，不能點歌，也請多多加油啊！」用唱名點歌的方式來激發同仁的責任心與榮譽感。目標有沒有達成，成績好不好，雖然都可以暢飲同樣的酒，然而箇中滋味可就大不相同哪！

王品的信念花園

王品的經營焦點，對外，眼裡只有顧客；對內，就是做好經營者份內該做的事。

王品的「總部」是為「策略的總部」，每一個單位都必須自我期許為集團的火車頭，要能提前規劃相關業務，要有能力前瞻未來發展。

邀請樂團，唱名點歌，歡樂之餘，也激發同仁的責任心與榮譽感。

鼓勵內部創業

全台灣登記有案的餐廳大約十一萬家，九九%的營業額都在一億元以下，超過一億元的不到三百家，僅佔千分之二點多；營業額能突破十億元的（中小企業稱之為「天險」門檻），不過二十家。根據中華徵信所二〇〇八年出版的《台灣地區大型企業排名TOP5000》資料顯示，王品集團已連續兩年蟬聯餐飲業第一名，遠勝過星巴客及五星級飯店。為什麼王品能突破營業侷限，年年成長？王品到底是如何思考的？

「大做」與「做大」

多數人看到王品集團旗下有九個品牌，年營業額五十三億，事業版圖橫跨海峽兩岸，好像理所當然。其實，王品並不是一開始就這樣的。在創立「王品牛排」之前，曾投資經營了六種事業；一九九三年，王品牛排第一家店在台中成立時，仍然雄心萬丈，同時開辦全國牛排館、外蒙古全羊大餐、一品肉粽、金氏世界紀錄博物館……前後共有九種之多，橫跨餐飲和遊樂事業。

因為沒有聚焦經營，那段時期負債累累，幸好，在王品牛排成立數年之後，經由經營夥伴共同討論，知道了自己的能耐與專長，迅速地將非核心產業出售或轉型，全神貫注於以「精緻西餐、大眾消費」為主力的餐飲業。以「王品牛排」為原型，集中氣力將內部管理流程標準化、資訊化，好為日後的擴張打好基礎。

與此同時，中常會夥伴對於未來的經營有了一致的共識，就是要「大做」和「做大」——讓台灣每一個縣市都有「王品牛排」相關品牌，同時繼續往中國市場、亞洲市場邁進。想達成這個目標，就必須不斷地擴充和挑戰，一想到此，讓人全身細胞都雀躍了起來。就這樣，循序漸進，一路發展，總有更大的目標等待完成。

大投資固然帶來更大的成就感，相對地，也要付出更多的時間，承擔更重的風險。正因為是大投資，更需要從一開始便確認公司的企業文化、經營規範和管理制度，否則，不只沒機會「做大」，萬一僥倖擴大，一定也會有層出不窮的問題。

「醒獅計畫」是重要關鍵

階段性發展目標決定之後，接下來就得思考如何才能長治久安，永續發展？要做到這兩點，「制度化」和「人性化」的考量必不可少。

從人性面來看，戴董觀察到華人「喜歡當老闆」的天性——不管如何，總希望有朝一日能有出頭天，當上老闆，賺得大錢，衣錦還鄉。或許在潛意識裡認定，當了老闆便什麼都「不必怕」了，不必怕缺衣少食，不必怕看人臉色，不必怕被人瞧不起。這是人性，也是民族性，若能適當運用，還會是經營助力而非阻力。

也因此，王品很早就開始規劃「內部創業」的經營模式，讓同仁有機會當老闆。一方面可以留住優秀的同仁，讓有夢想、有願景的人才都能在集團裡安心發展；同時，集團也可以持續向外擴張，匯集眾人之力，提高國內餐飲水準。

於是，在戴董大力鼓吹號召之下，二〇〇一年，王品集團正式啟動「醒獅計畫」。這一計畫，也成為日後王品發展的最重要關鍵，使公司不致於停滯不前，充滿了創業氣息。同年七月，現任大陸副董事長陳正輝創立「西堤」；八月，現任大陸事業處總經理李森斌遠征美國，開設Porterhouse Bistro；二〇〇二年，輪到我開陶板屋。

開創新品牌，當然是保持集團活力的好方法；但若基礎建設不夠穩固，那還是不行的。關於這部分，就得透過「入股分紅」，讓中階主管也都有當「老闆」的機會。這是王品早已行之有年的制度。

獅王創立新品牌，那是擔負較大責任的股東；店長、主廚開展新店，則入股成為一店的股東。王品規定，想要當店長或主廚，除了本身的專業能力外，還得拿出一筆現金入股，才能出任該職，且沒有所謂「技術乾股」。我們相信，只有真正地投入金錢，才會有真實的參與感。要不然，店頭賺錢當然好，虧了錢很可能不痛不癢，這就失去共同經營的意義了。因此，每創一個新品牌，每開一家新店，店長、主廚、區經理、總部的部門主管、事業處負責人、副董事長、董事長，都得按比例認股。當然，只要賺了錢，出資者也能按投資比例分紅。

想入股，還有一個必要條件——要徵得父母家人的同意。既然是投資，一定會有風險，即使王品已有豐富的投資經驗，也無法百分之百保證穩賺不賠，頂多只能說贏面頗大。因此，事前仔細思考，充分溝通，掌握自己所能承擔的風險範圍，跟家人好好商量，想清楚了再做。再者，成為股東後，大家更親近了，見到同仁父母的機會多很多：家庭拜訪、同仁旅遊、股東大會……所以，萬一父母不同意，見面就尷尬了。

如果真的很擔心風險，或是認為自己不適合擔任店長，不投資也無妨，選擇當副店長或二廚，每月仍領有固定薪水與某種程度的分紅。只是到目前為止，還沒遇過同仁不想入股的，因為幾乎在一年內，所投入的資金大部分都回收了。

「海豚哲學」，最棒的股利分紅制度

回收的關鍵，主要來自「海豚哲學」，即股東分紅獎勵。

話說，某次戴董在香港海洋公園觀賞「海豚跳火圈」表演，海豚每次完成了完美跳躍後，馴獸師便立刻送上美味鮮魚，獎賞海豚。戴董當下領悟到：那些個鮮魚，便是海豚願意一次次往火圈裡跳的動力。回來之後，便將這個靈感運用到組織管理上，設計成「即時獎勵、立即分享」的股利分紅制度。如今，王品每年的分紅金額高達數億台幣。也因為這份利益共享的胸襟，方成就了今日的王品集團。

立即回饋的分紅制度，每月結算，不必等一年、半年或一季。每一個月，各店的盈餘立即分享，所有股東按照持股比例分紅。此外，各店盈餘的二十%，也會拿出來跟全店工作同仁一起分享。以集團現有九十四家店鋪來看，年薪百萬的店長和主廚便多達一百多位，超過一百五十萬的也大有人在。而這群默默耕耘的夥伴，整體平均年齡還不到三十歲呢！

海豚哲學，每月分紅，有福同享；健康體操，經常動動，大家健康。（二〇〇九年的十六週年慶，練習動動舞，推廣走萬步。）

成為股東的好處，對個人來說，是真正的有福同享；對企業而言，則是經營管理的一大突破。在同仁心中，原本只是「受薪階級」的認知自動轉換，店長變成「店裡的董事長」。公司無須要求店長要有責任感，他們也會早出晚歸、認真自發地工作；公司也不用擔心成本管控不當，因為店長和你一樣關心錢是否花在刀口上。讓他成為老闆，這比訂定什麼制度都有效。制度只能規範最基本的東西，卻不容易要求到高標準。當了老闆，他就會自動要求。

同樣的，為了提升業績，店長也會重視領導力，主動瞭解所屬同仁的需要，好讓大家都能在自己店裡安穩開心的工作。因為人事的穩定，是維持服務水準，使業績長紅的最重要關鍵啊！下班之後，店長不時會邀約店內同仁一起去吃宵夜，聯絡感情。他們常常開玩笑說：「當了店內董事長，最大收穫就是一顆圓滾滾的啤酒肚！」

幾年前辛樂克颱風來襲，政府宣布下午五點開始放颱風假。三重陶板屋即將打烊時，突然來了七、八位身穿雨衣、頭戴安全帽的客人，想要用餐。店長說：「不好意思，因為颱風關係，總部已要求停止營業。」客人卻不停訴說：「我們從那麼遠過來，你看，還全副武裝呢，你怎麼忍心讓我們白跑一趟啊？」於是，店長便跟主廚協調決定，店長帶一名服務員，主廚帶一名助廚，四人留下來服務客人，讓其他同事先走。

結果，由於要服務這幾位客人，餐廳燈光始終亮著，沒想到吸引了更多客人。服務了甲，很難不服務乙。最後，八個客人變成二十個客人，店長四人忙得不可開交，心裡卻喜孜孜的。這就是入股分紅的威力。

我家的工讀生不一樣

在王品，不只正職同仁可以分紅，連工讀生也能分紅，這才讓業界嘖嘖稱奇。

在創業第二年時，我們發現工讀生已佔了王品集團近半數的人力。這時候問題來了：工讀生比例這麼高，對他們的要求和訓練，顯然得跟正職人員一樣，才能維持一貫的服務品質。既然對他們的要求與正職相同，一樣的作業標準，一樣的出餐流程，該做的一樣都沒少做；那麼，該給他們什麼樣的福利才算公平？才能吸引更多優秀的工讀人才呢？

經過中常會熱烈討論，最後決定：縮小工讀生和正職人員的福利與待遇差距，並擬出了工讀生培育方案：

一、提高工讀鐘點費。十多年前，當加油站喊出「每小時六十、七十元」的鐘點費時，王品就已實施時薪九十元的工讀費了。

二、殺手級福利——「工讀生分紅」。只要在王品工作累積滿五十個小時，從此就可以參加各店的每月盈餘分紅。有位表現優異的工讀生，上班兩個月後，某天突然跑去找會計，說公司好像多發薪水給他，應該算錯了吧？會計一查，原來是盈餘分紅，同時很關心的問他，是否店長說明時沒聽懂？讓他當場感動良久。

三、全勤獎金。只要每月全勤，每小時薪資再加十元。

四、資歷獎金。服務滿一年、兩年、三年，依據其年資和績效調整時薪。

五、參與公司年度旅遊。雖然是工讀生，只要服務滿一年，公司招待三分之一；服務滿兩年，公司招待三分之二；服務滿三年，公司全額招待，與全職人員享受同樣待遇。

六、畢業後優先任用。若是男生得先當兵也沒問題，公司保留他所有資歷，服完兵役回來便可銜接。

對服務業而言，最重要就是穩定的人事，尤其基層同仁，如果流動率太高，便無法保持服務品質。別小看端盤子、擦桌子、帶位點餐等工作，看似簡單，卻是門學問，要做到恰如其分且令人感動，其實不容易。這絕非讀讀工作手冊就能上場打仗，一定需要時間的歷練，才會有靈動的火侯。

由於各種福利設計，加上人性化管理，王品集團正職人員的流動率只有三%，遠低於一般業界的十%。而工讀生畢業之後最想從事的工作，多半就是成為王品正職人員。這也是王品的服務始終能維持穩定水準，令顧客津津稱道的原因了。

不好就收，絕不戀棧

創新品牌或開展新店，都是向未知挑戰，雖然王品已有許多創業經驗，卻難免有判斷失誤的時候。因此，做好內部創業管理，貫徹利潤中心制度，即時反應收入和成本，還是非常重要的。

王品內部是以「一五一開店投資方程式」來評估投資。也就是說，一年營收要達到開店投資額的五倍，獲利至少要一個投資額，才算及格。如果一家店的期初投入成本六百萬，每月營業額至少要兩百五十萬，一年三千萬的營收，是投資的五倍，最後盈餘要有五十萬才行。當然，這只是個評估與努力目標，激勵各品牌往前衝，並不是所有品牌都能達到這水準。

此外，嚴格控管成本，也是集團的核心競爭力之一。這些得靠集團聯合採購、品牌力量，乃至絕不收回扣的企業文化來達到。平時的食材、薪資成本與其他費用，也都透過不當成本比率來管控，使成本一直在標準以內。二〇〇九年，公司要求降低成本目標一點五億，在大家共體時艱、同心協力之下，到了九月就已經百分之百達成。

萬一真的經營不佳，便得啟動協助機制，查出問題所在，深入瞭解到底是店長經營能力的問題，還是地點的問題？萬一是店長的問題，就得輔導或調店；若是地點的問題，那就儘快找到新地點，讓店長、主廚再投資。雖然是二次投資，花費大些，但總比苦守寒窯、繼續賠錢來得好。無論哪一個問題，只要數字無法顯示業績在進步中，一年內就會收店。經驗告訴我們：拖得愈久愈影響團隊士氣，只會賠得更多，卻很難逆轉。

王品對新品牌的要求則是：五年內的營業額一定要達到五億，淨利十%以上，倘若達不到此一標準，也得收掉。這部分的評估由我負責，每一季定期追蹤，核對「獅王」前一年所提出的計畫是否如期進行？跟獅王討論之前，總部先召開會前會，請品牌部、採購部及財會單位提出問題點和建議方案。等到開會時，先請獅王分析報告因應的方式為何。這

活在當下，盡情揮灑，人生常常以你意想不到的方式回饋於你，而且步步充滿驚喜！（楊雅棠攝影）

陶板屋成立了

「王品牛排」成立多年之後，二〇〇〇年，科技泡沫風暴餘威猶存，王品業績有點衰退的趨勢。創業夥伴們認為，以當下的經營環境看來，高價位餐廳若想繼續成長，恐怕不太容易，得找尋中價位的機會。於是在二〇〇一年，開創了「西堤」這一品牌，以提供中價位餐飲為標榜，果然找到了預想中的食客。

二〇〇二年，輪到我來創業，成立新品牌。我開始思考：還能做什麼呢？當時集團已有較高價位的「王品」，中價位的「西堤」，在美國則有「Porterhouse Bistro」，這些都是經營牛排西餐。總不能再賣牛排，繼續在牛棚裡自我競爭。

最後，我提出經營「日本料理」的想法。

聽到我說要開發日本料理，所有人的眼鏡掉滿地。「開玩笑吧，請問王品有什麼核心能力去做日本料理？」我說我也不知道，「不過，王品的強項在牛排，所以我想試試以牛排為核心的『日式創作料理』。欲知詳情，等我跑一趟日本再跟大家報告吧！」

於是，我規劃了七天「日式創作料理」行程，飛到日本去尋找靈感，希望能得到一些啟發。糟糕的是，直到第五天，已經看過好多家餐廳，卻依然毫無頭緒，找不到什麼料理可當作創業思考的依據。原本想讓大家跌破眼鏡的我，竟然連個鏡框都找不著，這下子事情真的「大條」了。

第六天一早，我想起一家「需要一個月前預約」的銀座名店，決定去碰碰運氣。結果當然是不得其門而入，只好在大街小巷裡亂鑽亂繞，突然看到一家「小瓢蟲」招牌，從放在外面的Menu看來，好像是日式料理，憑著直覺的好奇，我

陶板屋台北光復南店開幕記者會：「蕎舊佈新，日本新年祭」。

便走了進去。

一進電梯，我就後悔了。那電梯好小，又有點破舊，只能搭四個人。這麼差的電梯能通到什麼好店？真教人懷疑哪！出了電梯，一眼看到穿著潔白廚師制服、戴著高帽子的老闆，呵，挺有模樣的，就試試看吧！

邊吃邊跟老闆聊，十分盡興。他曾跑到法國學了三年料理，目的是想把法式料理和日本料理做一個融合，創造出新的東西來。我吃了一份套餐後，喜出望外，立刻知道：對了，這就是自己該走的方向！喜孜孜回到台灣後，以此為根據，跟師傅們討論試作，將日式創作料理與西式料理融合，並改良成更加適合台灣人的口味。最後的結果，便是今天大家所看到的「陶板屋」。

所謂「改良」，其實沒那麼簡單。有點兒像旅行，銀座「小瓢蟲」老闆給了我一個「方向」，但路程還很遙遠，目的地得靠自己尋找。回想當初，要將日式創作料理「轉化」成具有陶板屋獨特的風味，而不是「複製」，在一個月的時間裡，從蒐集資料，到處猛吃、狂吃，寫筆記，試菜色，宛如學生時代開夜車準備考試。最後是上台報告、菜色發表、接受質詢，過程辛苦異常。只因為有了靈感，知道方向在哪裡，一

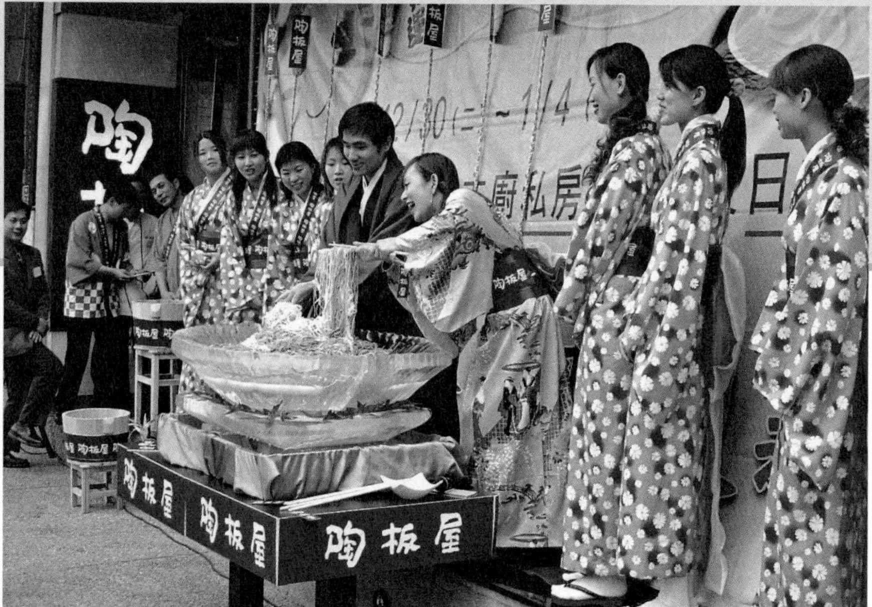

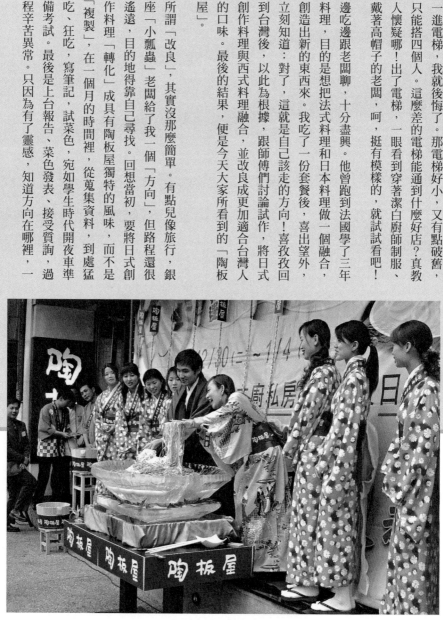

路摸索著走過去，愈走愈清楚自己要的是什麼，前方的光線也愈來愈亮。那種喜悅，卻是筆墨所難形容的。

由於「陶板屋」這一「出國取經」的經驗，使我深深覺得：想要創新，就不能劃地自限；想要做得更好，就要走出去。

餐飲業雖然具有在地文化特質，但不同文化的衝擊交流，往往能激發出新的靈感與創意。所以，不只「內部創業」應該到國外學習，即使「菜色創新」也應該四處觀摩。王品原本就有國內「年吃百店」的訓練，經過「陶板屋經驗」的激勵，各個品牌每年「出國進修」，也成了例行訓練。說到底，上窮碧落下黃泉，國內國外到處「標竿學習」，才是永保競爭力的關鍵哪！

時，獅王多已掌握問題點，也能提出解決方案，加上總部這邊的建議，交叉討論後，多半能得到不錯的策略調整。

創業容易收店難。遇到投資失利，經營者往往不敢或不願壯士斷腕，繼續投資其實已無法挽救的事業，最後不僅是金錢損失，還可能賠掉優秀的人才和團隊。結束，雖然痛苦，卻是企業經營的必要責任。找對問題，對症下藥，才是對股東和共事同仁的真正負責。

人生常以意想不到的方式回饋自己

創業辛苦，再創業更辛苦。只要你待過王品集團，當過獅王，就能體會我這句話的心情。

當你傾注全力，以三、四年時間將新品牌打下了江山，一切都上了軌道，正當苦盡甘來之時，卻要你離開這個品牌，再去打天下。苦不苦？怕不怕？這跟大導演獲得奧斯卡金像獎後，再要開拍新片，肩頭的壓力絕對比當時大上許多。過去愈成功，面對未來的壓力就愈重；毅然離開舒適圈，所需要的勇氣當然也就愈大。

為了減輕店長的壓力，減少他們的後顧之憂，公司除了給予新開分店十一%的股份外，原創舊店仍可保有三~五%的股份。有此規定，假使新店展業順利，收入就更多；萬一初期不順利，創新者也不會發生經濟危機。至於接棒原創店的店長，因為不是第一代創始者，所能投資的股份便設定在六~八%之間。這一切的設計，都是反覆考量情理法之後定下的。

每個人的資質不同，有的屬於守成型，可以留守已經創立的品牌，把原來的店鋪發揚光大；有的同時具備守成和開創的性格，那就得給他機會，鼓勵他出來闖一闖，開發自己更多的潛能。店長可以展店，主廚若有興趣、有能力，一樣可以改行做店長。不只店鋪同仁有機會創業，總部幕僚如果個性適合，願意接受挑戰，一樣有創業機會。

像我，就是幕僚轉前線的例子。我原本負責集團總管理處，因為愛吃，喜歡冒險，再加上戴董從旁鼓吹，於是決定上前線，試試自己的能力。先是創辦了「陶板屋」，後來又開拓「藝奇 ikki」，接著擔任副董事長一職，負責集團的資源整合與策略規劃。這一路走來，總覺得：只要願意活在當下，盡情揮灑，人生常常以你意想不到的方式回饋於你，而且步步充滿驚喜呢！

王品的信念花園

王品集團很早就開始規劃「內部創業」的經營模式，讓同仁有機會當老闆。一方面留住優秀人才在集團裡安心發展，同時集團也可以持續向外擴張，提高國內餐飲水準。

同仁成為股東的好處，對個人來說，是真正的有福同享；對企業而言，則是經營管理的一大突破。

人事的穩定，是維持服務水準，使業績長紅的最重要關鍵！

法國白朗峰下，夏慕尼事業處來到「霞慕尼」，有如鮭魚回溯至源頭的興奮。

後記

用遊戲的熱情工作 用工作的專注遊戲

傅月庵

我跟台灣許多人一樣，常到過王品吃牛排，西堤聚餐，陶板屋品嚐和風料理。當然，也曾被那無微不至，只要你神色稍有不安，立刻有人前來「問候」的服務風格所「驚嚇」。「沒事沒事，請不要管我，一切都很好！」這是我最近一次到品田牧場吃豬排咖哩時，向服務生說的一句話。當時，她因看到我不停翻弄豬排，急忙走了過來。其實，我只是想瞭解裹粉成分而已。

我從沒想到，有一天會成為一本談論王品企業文化的新書的共同執筆人。

那是二〇〇八年夏天的事了。當時我還是遠流出版公司文化生活領域的總編輯，副總編輯吳家恆因為興趣，下班後也兼任台中某電台節目主持人。某日，他告訴我，電台有位同仁說：王品餐飲集團有位高階主管想寫一本談企業文化的書，遠流有無興趣出版？當然有！天上掉下來的禮物，焉能不取？於是我、家恆，以及當時擔任遠流出版業務協理的王品小姐（此書另一位執筆人，她真的就叫「王品」，如假包換！）便跑到台中去「找書」了。

浮生若夢，動念即成緣。我們跟王國雄副董事長、跟這本書的緣分，便是如此這般聯繫起來的。

初見王副董，嚇了一跳。既不穿西裝，也不打領帶，一身休閒打扮，還背了個雙肩背包，講什麼都笑嘻嘻，彷彿世間充滿陽光，而他，正是不折不扣陽光下那位少年家。或許因為他沒架子，愛講笑話，我們也就不客氣地東問西問，無所不談。彼此都很投緣，當然，合作出版一本由副董口述、專人採訪整理的新書，也就順理成章定了下來。

回到台北後，我即著手尋找執筆人選，並與副董約好，利用每週北上時間，抽空到遠流，每次口述一到二個主題，全書希望一年內完成。至此，一切都很順利。尤其王副董，每週三幾如候鳥般準時報到，且次次有備而來。因為他實在太會講了，每一個故事都讓人對「王品餐飲集團」產生更多好奇，譬如「海豚哲學」，譬如「百元天條」、「入股分紅」，譬如「日行萬步」、「鐵人三項」、「創意股東會」……。「天底下居然有人這樣經營公司。而且，就在台灣哩。」因為好奇，所以不捨，於是每次會議我幾乎都到場，且不停發問，老懷疑「邊玩邊做」真的成得了事嗎？

但也正因這份好奇，在原定執筆人因故退出時，竟讓我從「公親變事主」，與王品小姐一起成為此書的執筆人了。

採訪王副董，乃至瞭解王品企業，真是一件有趣的事。你無法想像一家企業，從大到小，個個如此愛搞笑，同時又這樣認真。「工作時工作，遊戲時遊戲」（work while you work and play while you play），這是我們自小所被灌輸的學習認知，卻沒想到竟然有人可以「用遊戲那般的熱情來工作；用工作那般的專注來遊戲」，把看似矛盾的兩者給整合起來，打成一片，從而創造出既不是西洋式，也不是東洋式，而是台灣特有的一種管理模式。

這種管理模式，既有「美國式民主」，也有「日本式紀律」，更重要的是，貫穿這兩者的傳統儒家文化的人文精神，也就是深信人性本善，透過精神與物質的激勵，事情終能往正面發展的樂觀態度。換言之，在王品企業裡，「人」始終被第一考慮，是「企業為了人而存在」，不是「人為了企業而存在」。這在當今一切唯業績是圖，一切講究數目字管理的台灣企業，尤其技術門檻相對較低的餐飲業裡，可說極為少見。若說，王品企業想做到的是「讓人感動的服務」，則在採訪整理此書的過程裡，我深刻感受到的，王品確實是一個「讓人感動的企業」。

此書從無到有的過程，一如天下事，有順利也有波折。順利的部分，多屬王副董那一邊，他的資料準備、主題規劃、時間掌握，總是舉重若輕，如期完成，充分表現企業人的專業；波折的開端，多半由我引起，貪多務得、舉棋不定、拖拖拉拉，同樣充分表現了文人的散漫。幸而，

「遲到」並非「不到」，由於王品小姐拔刀相助，最後推了一大把，終於讓此書順利完成，除了感謝再感謝之外，我實在無話可說了。

遇緣則有師。這本書因緣而來，讓人結識王副董，也認識了王品企業，而這二者，都可當作「師父」（Knack），都能讓人學會課堂外很多的本事。我深信。

王品九條通

一、敢拚、能賺、愛玩。
二、人生追求的三順序：健康第一、快樂第二、成功第三。
三、多學一點、多做一點、多玩一點。
四、思想要深入，生活要簡單，才有真正的快樂。
五、生命要尊嚴，生活要精采。
六、人生短暫，不能等待；實現理想，無可取代。
七、企業的規模，取決於老闆的氣度；企業的長久，取決於老闆的品德。
八、最大的成本是時間，最大的敵人是自己。
九、演戲可以彩排，人生不能重來。

「王品憲法」十八條

一、任何人均不得接受廠商一百元以上好處，違者唯一開除。
二、同仁的親戚禁止進入公司任職。
三、公司不得與同仁的親戚做買賣或業務往來。
四、財務、人事、採購徹底公開，所有同仁均可以隨時查核。
五、舉債金額不得超過資產的三十%。
六、公司與董事長均不得對外做背書或保證。
七、不做本業以外的經營或投資。
八、任何投資遵照一五一方程式。

九、奉行「顧客第一、同仁第二、股東第三」之準則。

十、懲戒時，需依下列四要件使得判決：

A 當事人自白書

B 當事人親臨中常會

C 公開辯論

D 不記名投票

十一、同仁的考績，保留十五%給「審核權人」與「裁決權人」做彈性調整。

十二、不得有企業內婚外情。

十三、禁止於企業內嚼檳榔。

十四、廚房不得抽菸。

十五、不准賭博。

十六、各單位主管需關照單位內之懷孕同仁，一切以安全與健康為第一考量。

十七、高階幹部，一律入股成為股東。

十八、每週五開中常會，集體決策。

「龜毛家族」二十六條

一、遲到者，每分鐘罰一百元。

二、公司沒有交際費。（特殊狀況需事先呈報）

三、上司不聽耳語，讓耳語文化在公司絕跡。

四、被公司挖角禮聘來的高階同仁（六職等以上），禁止再向其原任公司挖角。

五、高階同仁「擴大視野」目標：每年在世界各地完成一百家餐廳的用餐經驗。

六、中常會和二代菁英，每天需步行一萬步。

七、迷信六不：不放生、不印善書、不問神明、不算命、不看座向方位、不擇日。

八、少燒金紙：每次拜拜金紙費用不超過一百元。
九、對外演講每人每月總共不得超出二場。
十、演講或座談會等酬勞，當場捐給兒童福利聯盟文教基金會。
十一、公務利得之紀念品或禮品，一律歸公，不得私用。
十二、可以參加社團，但不得當社團負責人。
十三、過年時，不需向上司拜年。
十四、上司不得接受下屬為其所辦的慶生活動。
（上司可以接受的慶生禮是一張卡片、一通電話或當面道賀）
十五、上司不得接受下屬財物、禮物之贈與。
（上司結婚時，下屬送的禮金或禮物不得超出一千元）
十六、上司不得向下屬借貸與邀會。
十七、任何人皆不得為政治候選人。
十八、上司禁止向下屬推銷某一特定候選人。
十九、選舉時，董事長不得去投票。
二十、購車總價不超出一百五十萬元。
二十一、不崇尚名貴品牌。
二十二、辦公室夠用就好，不求豪華派頭。
二十三、禁止做股票，若要投資是可以的，但買進與賣出的時間需在一年以上。
二十四、個人儘量避免與公司往來的廠商做私人交易。
二十五、除非是非常優秀的人才，否則勿推薦給你的下屬任用。
二十六、除非是非常傑出的廠商，否則勿推薦給你的下屬採用。

	品牌	成立年份	定位	品牌概念	代表花朵	代表顏色	代表戰役	家數	價格
王品 Wang Steak	王品 Wang Steak	1990	西式 高檔牛排	尊貴	玫瑰	正紅	玫瑰 慶週年	11	1200
TASTy 西堤牛排	Tasty 西堤牛排	2001	西式 中價位 牛排	熱情	太陽花	橘紅	熱血青年 站出來	20	499
陶板屋 和風創作料理	陶板屋	2002	和風 創作料理	有禮	薰衣草	紫色	一人一書 到蘭嶼	20	499
聚 北海道昆布鍋	聚	2004	北海道 昆布鍋	熱忱	天堂鳥	橘色	高空昆布 剪綵	14	330~ 530
原燒 優質原味燒肉	原燒	2004	優質 原味燒肉	純真	海芋	綠色	中秋節 陪烤團	12	598
夏慕尼 新香榭鉄板燒	夏慕尼	2005	新香榭 鐵板燒	浪漫	鳶尾花	藍色	鐵板 亂打秀	6	980
藝奇 ikki	藝奇 ikki	2005	懷石 創作料理	時尚	五葉松	黑色	神鼓 慶開幕	2	1200 800 680
品田牧場	品田牧場	2007	日式 豬排咖哩	自在幸福	蒲公英	黃色	啟動幸福	7	230 290
石二鍋	石二鍋	2009	火鍋 新吃法	安心		綠色		2	198

1993 149萬	1994 1億	1999 年營業額突破 10 億	2004 年營業額突破 20 億
草創與建置			品牌與海外拓展

1993.11.16　成立王品台塑牛排餐飲系統，第一個分店：「台中文心店」。

1994.10.01　推動電腦化。

1995.01.01　成立「戴勝益同仁安心基金會」。

1995.06.01　王品餐飲系統完成第一本作業手則——大廳服務操作手冊。

1996.06.03　全集團第一次股東大會於墾丁凱撒飯店舉辦。

1997.10.25　推動「每日一萬步」活動。

1998.12.17　董事長獲選「第二十一屆創業青年楷模」，蒙李總統召見，連副總統頒獎。

2000.07.04　王品成為經濟部 ISO 200102、TQM 示範單位。

2001.07.19　Tasty 第一家店「台北復興店」成立。

2002.05.01　陶板屋第一家店「台北復興店」成立。

2002.11.12　制定「龜毛家族」條款。

2003.05.31　推動社會學分：一年嚐百店、一月唸一書、一生遊百國、一生登百嶽、一日行萬步。

2003.07.12　王品事業處十週年慶「花與祝福」活動。

2003.07.14　大陸王品事業處第一家分店「上海仙霞店」成立。

2004.04.19　原燒事業處第一家分店「台北南京店」成立。

2004.06.28　制定王品集團「憲法」。

2004.07.13　推動「王品新鐵人」活動：攀登玉山、泳渡日月潭、鐵騎貫寶島鐵人三項。

2004.07.19　聚鍋事業處第一家分店「台北南京店」成立。

2004.10.29　二〇〇四年《遠見》針對十大服務業第一線服務同仁品質評鑑王品第一名、Tasty 第二名、陶板屋第四名。

2007 年營業額突破 40 億

2004.12.19 聚鍋事業處獲頒經濟部「第二屆新創事業獎」榮譽。
2005.07.29 kki 事業處第一家分店「台北敦化店」成立。
2005.09.26 夏慕尼事業處第一家分店「台北光復店」成立。
2005.12.01 王品事業處獲二〇〇五年「卓越服務獎」第一名。
2006.11.04 王品集團獲頒「品質團體獎」之榮譽。
2006.12.15 王國雄總經理獲頒「第二十九屆創業楷模獎」之榮譽。
2006.12.27 王品集團獲頒「九十五年度經濟部策略創新獎」。
2007.04.13 品田事業處第一家分店「台北南京東店」成立。
2007.11.27 第一屆王品盃托盤大賽。

2009 年營業額突破 50 億

2008.01.01 王品集團股權合併日。
2008.09.18 王品十五週年「送玫瑰，把愛傳出去」。
2008.11.17 榮獲行政院衛生署國民健康局之「Let's Walk & Work!」企業推廣健走計劃徵選活動評選第一名。
2008.12.01 榮獲「二〇〇八台灣商業服務業優良品牌」。
2009.05.01 王品牛排榮獲「二〇〇九讀者文摘信譽品牌白金獎」。
2009.05.01 榮獲「二〇〇九年 Cheers 新世代最嚮往的民營企業第二十一名」。
2009.09.18 二〇〇九年第一屆亞洲盃烹飪大賽，榮獲二金、五銀、七銅、二佳作。
2009.08.02 石二鍋事業處第一家分店「台中漢口店」成立。
2009.09.22 王品牛排榮獲「台灣優良品牌」。
2009.10.12 王品餐飲股份有限公司榮獲第十屆「全國標準化獎」。
2009.11.02 戴勝益董事長榮獲「優良商人」表揚。
2009.11.03 王品餐飲股份有限公司榮獲經濟部「組織創新獎」。

國家圖書館出版品預行編目資料

敢拚・能賺・愛玩：王品，從細節中發現天使／
王國雄著；傅月庵、王品採訪撰稿.
--二版. --臺北市：遠流，2011.12
面；　公分.--（實戰智慧叢書；H1392）

ISBN 978-957-32-6905-2（平裝）

1.王品集團 2.企業經營 3.人性管理 4.通俗作品

494　　　　　　　　　　　　100023512

實戰智慧叢書 H1392
敢拚・能賺・愛玩
王品，從細節中發現天使

作者：王國雄
採訪撰稿：傅月庵、王品
照片提供：王品集團
攝影：楊雅棠
出版四部總監：曾文娟
主編：鄭祥琳
企劃：陳佳美
美術設計：雅堂設計工作室

策劃：李仁芳
發行人：王榮文
出版・發行：遠流出版事業股份有限公司
地址：臺北市南昌路二段81號6樓
電話：（02）2392-6899　傳真：（02）2392-6658
郵撥：0189456-1

著作權顧問：蕭雄淋律師
法律顧問：董安丹律師
2010年 3 月25日　初版一刷
2012年 6 月25日　二版二刷
行政院新聞局局版臺業字第1295號
售價：新台幣340元（缺頁或破損的書・請寄回更換）

ISBN　978-957-32-6905-2

YL遠流博識網
http://www.ylib.com　E-mail:ylib@ylib.com